国家科学技术学术著作出版基金资助出版
飞行控制前沿技术丛书

机电作动系统

朱纪洪 著

科学出版社

北 京

内 容 简 介

功率电传是飞行器等载体操纵与控制的发展方向，其中机电作动系统是重要的技术途径，在工业自动化领域也具有举足轻重的作用。本书系统论述机电作动系统驱动、传感、控制及故障诊断技术，给出原理简单、鲁棒性强的线性综合控制器设计方法，以及动态特性明显优于传统线性控制器的鲁棒近似时间最优控制器实现途径。从不同视角介绍了同步电机矢量控制，论述了一种容错永磁同步电机的数学模型及其高功率因数、高动态驱动技术，给出了电流相位容错检测方法；用临近空间飞行器作动系统做实例阐述了机电作动系统的设计过程；介绍了一种机电作动系统特征模型及基于此模型的作动系统故障诊断方法。

本书可供从事航空航天伺服作动系统研究的科研人员使用，也可供自动化、电气工程、机电等专业的本科生及研究生学习。

图书在版编目（CIP）数据

机电作动系统 / 朱纪洪著. —北京：科学出版社，2025.4
（飞行控制前沿技术丛书）
ISBN 978-7-03-075920-7

Ⅰ. ①机… Ⅱ. ①朱… Ⅲ. ①飞机-电力系统-研究 Ⅳ. ①V242.3

中国国家版本馆 CIP 数据核字（2023）第 114690 号

责任编辑：孙伯元 魏英杰 / 责任校对：崔向琳
责任印制：师艳茹 / 封面设计：陈 敬

科 学 出 版 社 出版
北京东黄城根北街 16 号
邮政编码：100717
http://www.sciencep.com

北京中科印刷有限公司印刷
科学出版社发行 各地新华书店经销
*
2025 年 4 月第 一 版 开本：720×1000 1/16
2025 年 4 月第一次印刷 印张：14 3/4
字数：294 000
定价：160.00 元
（如有印装质量问题，我社负责调换）

"飞行控制前沿技术丛书"序

　　飞行控制系统作为现代航空航天装备的神经中枢，是实现高机动飞行及执行复杂任务的核心，更是衡量高端航空航天装备创新能力的战略制高点。目前，我国航空航天装备的发展已迈入自主创新的深水区，大飞机振翅翱翔、新型战斗机在推力矢量控制及超机动飞行方面取得关键性进展。新一代航空航天装备的发展，对我国飞行控制技术提出了从"跟跑"到"领跑"的历史性挑战。

　　飞行控制技术的发展始终与动力学特性认知深度、作动系统性能、控制算法适应能力紧密交织。新一代飞行器在飞行包线扩展中呈现出强烈的非线性非定常气动效应、多物理场耦合特征，以及极端环境下的强不确定性。例如，新一代战斗机在大迎角超机动飞行状态下呈现出复杂的非定常迟滞特性，使传统线性控制理论面临严峻挑战；无人飞行器在复杂环境下的自主避障、协同决策，则要求其控制系统具备强自主及智能特性。要突破这些技术瓶颈，亟须创新从基础理论到工程实践的飞行控制技术体系。

　　"飞行控制前沿技术丛书"是清华大学与科学出版社在广泛征求专家意见的基础上，长期考察、反复论证后组织出版的。这套丛书立足航空强国需求，聚焦非定常动力学建模、参数辨识、高性能机电作动系统、先进控制方法等前沿技术，系统汇聚了我国诸多高校和工业部门在飞行控制领域的最新成果，旨在为我国新一代高端航空装备飞行控制技术的发展提供坚实支撑。丛书的出版，既是对相关重要成果的梳理和总结，也是对未来飞行控制前沿技术发展路径的一次思考和探索，更是面向新型飞机、空天往返飞行器、高超声速飞行器等未来装备的未雨绸缪。

　　我深信这套凝聚我国学者智慧的丛书将为飞行控制技术的发展提供新动力，为培养未来创新人才注入新动能。

中国科学院院士

前　言

机电作动系统作为先进装备中的关键系统，广泛应用于航空航天、轨道交通和海洋装备等领域，更成为功率电传的重要技术途径。近年来，随着飞行器等装备全电化的发展，人们对作动系统的结构紧凑性、响应快速性、系统容错性和鲁棒性等提出更高要求，给其建模、驱动控制、故障诊断等关键技术带来新挑战。

本书内容涵盖机电作动系统的构成、核心技术及关键算法。在系统介绍作动系统结构组成、发展历程与技术趋势的基础上，重点围绕以下几个方面展开。

在驱动控制方面，介绍同步电机的矢量控制与 SVPWM 驱动方法，并总结出一种兼顾稳态与动态特性的线性控制器五步设计流程。进一步，为提升系统响应速度与工程可实现性，介绍时间最优控制与近似时间最优控制策略，并分析其在高动态应用场景中的优势。

在驱动电机建模与容错控制方面，提出能方便实现容错控制的容错永磁同步电机数学模型，并结合高功率因数、高动态驱动控制策略，探讨如何在电机出现故障后保证系统具有容错性和安全性。同时，给出一种电机内功率因数及直交轴电流容错检测方法。

在系统故障诊断方面，通过构建机电作动系统特征模型，提出一种适用于复杂任务环境的鲁棒性强、虚警率低在线故障诊断方法，提升系统的可靠性与安全性。

本书还以临近空间飞行器作动系统为例，介绍系统从需求分析、部件选型到控制器设计的全过程，为工程设计提供实践参考。

本书在内容上兼顾理论深度与工程实用性，适用于从事电机控制与智能执行系统研究的科研工作者，也可供高等院校相关专业学生参考学习。希望了解同步电机控制的读者可重点阅读第 2 章；欲掌握 SVPWM 算法的可参考附录 A；关注电机高速下高功率因数运行的读者可重点阅读第 5 章；关注系统设计与故障诊断的读者可重点阅读第 6、7 章。

在 863 计划、973 计划及国家科技重大专项的持续支持下，我们得以潜心致力于机电作动系统的理论研究与工程实践，围绕高动态控制、冗余驱动、主动容错控制与故障诊断等开展系统性研究工作，并取得一些具有工程应用价值的创新成果。本书就是这些研究成果的凝练，希望可以为我国高性能机电系统的发展贡献一份力量，并在我国从"制造大国"向"制造强国"转型的关键时期，对相关领域的研究发展与工程实践有所助益。

　　本书的出版得益于团队多年的积淀，感谢其间众多博士研究生、博士后和同事在项目攻关与专著撰写过程中做出的贡献。同时，感谢国家科学技术学术著作出版基金的支持，以及长期以来给予我们帮助和支持的专家与单位。

　　限于作者水平，书中难免存在不妥之处，恳请读者指正。

朱纪洪

2023 年于清华园

目　　录

第1章 绪 论

作动系统是指能够根据上层控制系统的指令，将指令信号经机械、电子等部件和组件转化为直线位移/旋转角度或力/力矩输出，带动负载运动或形变，最终实现对控制目标位置伺服控制或力伺服控制等系统的总称。作动系统是飞机和导弹等航空航天装备的重要组成部分。飞行器的俯仰、偏航、滚转运动通常依靠作动系统驱动舵面完成，作动系统在姿态、航向及轨迹控制方面起着重要作用。随着科技的发展和人类社会的进步，现代航空航天航海和自动化领域作动系统的发展也进一步多元化，作动系统按传动方式可以主要分为液压作动、气动作动、机电作动、电液作动等。其中，液压作动系统的研究较为成熟，虽然可维护性差，但是应用最为广泛。随着航空装备的发展，尤其对作动系统提出大功率重量比、智能化和高可靠等要求，液压作动系统的性能短板会直接影响飞机的机动性、可靠性和战伤生存率等。为获得更好的飞行品质和作动性能，国内外已越来越多采用性能更好的功率电传(power-by-wire，PBW)来代替传统液压作动系统。功率电传利用导线以电能的形式完成功率传输，用电能传输取代传统液压能传输，可以显著提升飞机的性能。电动静液作动器(electro-hydrostatic actuator，EHA)和机电作动器(electro-mechanical actuator，EMA)是功率电传的两种重要类型。电动静液作动器由电机、液压泵、油箱、作动筒和控制器等组成，以液压油为介质，根据飞控计算机发出的指令推动活塞运动，进而控制舵面偏摆。与传统液压系统不同，电动静液作动器的液压部分仅存在于作动器内部，省去了传统液压系统原本很长的液压传输管路。机电作动器则完全省去了液压部分，直接利用伺服电机驱动减速装置或运动转换装置(滚珠丝杠副、行星滚柱丝杠副、齿轮传动机构)输出力和位移。与同功率级别的电动静液作动器相比，机电作动器具有体积重量小、传动效率高、无泄漏风险等优势，是当前研究的重点。随着功率电子器件和伺服电机的发展，机电作动器的应用前景广阔，在环境友好性、优化飞行器能源结构、可靠性和可维护性方面都有很大的优势。

1.1 机电作动系统及其研究意义

1.1.1 机电作动系统组成

机电作动器主要由伺服电机、齿轮和丝杠传动机构，以及传感器组成，与其驱动控制器共同构成机电作动系统。在得到控制指令后，驱动控制器形成控制指令并发送给功率驱动单元，通过伺服电机、齿轮及丝杠传动机构输出位移。除了这些基本功能，系统还将多种传感器(电压、电流、速度、位移、温度)采集的信号进行综合分析，实现对各通道运行状态的检测和管理。机电作动系统原理图如图 1-1 所示。

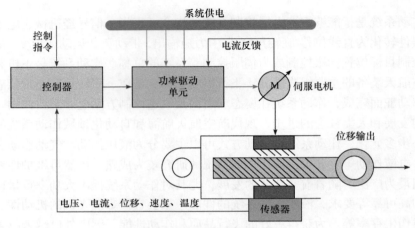

图 1-1   机电作动系统原理图

不同场合对机电作动器的结构形式、功率级别会有不同的需求。如图 1-2 所示，根据末端输出形式的不同，一般将机电作动器分为直线式机电作动器和旋转式机电作动器。此外，还可以根据是否集成减速器，分为减速式机电作动器和直驱式机电作动器。

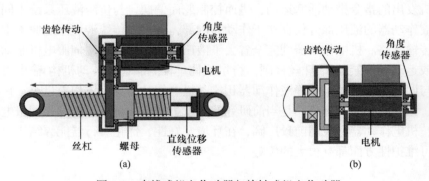

图 1-2   直线式机电作动器与旋转式机电作动器

1.1.2   机电作动系统研究意义

对飞行器而言，机电作动系统的主要优点是消除了中央液压供给系统，以及分布全身的管路系统，同时对密封性要求低，可使飞行器体积更小、功能更加集成、制造成本更低、周期更短，从而降低飞行器的研发成本和周期。与同功率级别的电动静液作动器相比，机电作动器具有体积重量小、效率高、没有液压油泄漏风险等优势，已成为航空航天领域研究的重点。同时，由于机电作动系统用电能完全取代液压能，因此成为由多电飞机向全电飞机发展的重要技术环节之一。以前，大多数飞行器上的大功率作动器以液压作动系统为主，中等功率作动器以电液作动器为主，机电作动系统为辅助。但是，随着高可靠性、高功率密度电机及其驱动系统的发展，机电作动系统有望逐渐替代液压作动系统，成为飞行器上的主要，甚至全部执行机构。

美国相关机构的研究表明，当一体化电动作动系统运用在飞机所有的飞行控制舵面时，客机可以节省燃油消耗，减少 30%～50%的地面设备，战斗机可以减少 600～1000lb(1lb = 0.453kg)的起飞重量，以及 14%易受轻武器攻击的机身面积。例如，通过机电作动系统实现前轮的转弯动作，就无须安装油路，可降低飞机重量，能耗更少。目前国外最新服役的飞机、导弹都部分或全部使用了多电/全电作动技术，既提升了飞机和导弹的战术性能指标，又为其下一代更全面多电/全电化打好了基础。

多电飞机[1](more electric aircraft，MEA)在提高可靠性、可维修性、战场生存力、隐身能力、减轻自身体积和重量等方面拥有诸多优点，引起世界各国研究人员的广泛关注，将引领未来飞机的发展方向，其最终目标就是全电飞机(all electric aircraft，AEA)。所谓全电飞机，是一种用电力能源系统全部取代原来的液压、气压系统的飞机，所有的次级能源均用电能的形式分配。作为全电飞机的过渡，多电飞机是用电力系统部分取代次级能源系统的飞机，是当今国内外军用和民用飞机发展的主流方向。

1.2 机电作动系统发展概述

1.2.1 机电作动系统发展历程

1. 航空领域

机电作动器在发展初期受电机技术、电力电子技术等限制，无法满足大功率的应用需求。其产生和发展来自小型战术导弹的控制需求，此后又被成功应用于多种导弹的舵面控制。例如，20 世纪 50 年代，红石导弹的气动舵面就采用机电作动器操控；20 世纪 60 年代，美国标准 RIM-66 导弹、法国 R530 中距空空导弹、法国"响尾蛇"地空导弹等均采用机电作动器及其系统。

机电作动系统的研究兴起于 20 世纪 70 年代末。随着电传飞控(fly-by-wire，

FBW)和功率电传思想的引入，机电作动器用于飞机舵面驱动的研究不断深入。其控制系统通过电信号驱动电机，再经减速箱、传动轴和滚珠丝杠等机械传动装置将电机的旋转运动转换为舵面所需的运动，最终控制飞行器舵面偏转。机电作动系统使飞行器的第二能源系统通过导线以电能的形式传递至各个执行机构。机电作动系统以电气线路取代遍布飞行器的液压管路，可以节约飞行器的运行维护成本，提高飞行器的能源利用效率、可靠性，以及地面保障能力。随着技术的发展，目前中大型无人机上的伺服作动器已逐渐由传统的液压作动器向机电作动器转换，从结构上取消了液压泵及其附属油路，降低了执行机构的重量和复杂度。典型机电作动器产品如图 1-3 所示。

(a) 副翼机电作动器　　　　　　　　　　　(b) 两余度机电作动器

图 1-3　典型机电作动器产品

美国在前期研究和试验验证的基础上，对机电作动器的可靠性、电磁兼容及优化设计等综合性问题进行了研究，并不断对老型号飞机的作动器进行升级改造，例如 F/A-18B 的左副翼，U-2S 的方向舵、升降舵、副翼等。进入 21 世纪以来，美国的"捕食者""全球鹰"等无人机都采用基于无刷电机的电动作动器。波音787 和 ARJ-21 均成功实现了电动作动器代替传统液压作动器，Sagem 公司为 A320飞机设计的副翼机电作动器 2011 年就完成试飞。

美国国防部高级研究计划局(Defense Advanced Research Projects Agency，DARPA)和波音公司等共同开发的联合无人作战飞行系统 X-45A 原型验证机采用18 个直线输出机电作动器驱动飞行器的升降舵(共 6 个翼面)、前轮转向和起落架，实现了全电作动。

由于机电作动系统在航空航天领域突出的技术优势和经济效益，近三十年来，美国和欧盟等资助了多个多电飞机技术项目。欧盟是多电/全电飞机技术的主要推进者，在其发布的各年度科研计划中，多电/全电飞机技术的发展从未间断过。2007年，在空客公司和法国萨基姆公司联合开展的智能分布式飞行控制和系统集成项目中，萨基姆公司开发了直驱式机电作动器和齿轮传动机电作动器，并于 2009年将副翼机电作动器交付给空客公司。2011 年，以机电作动器为主要作动系统的飞行试验在空客 A320 上成功进行，并完成 114 飞行小时的试验。这是世界上第一次在商用客机上进行的以机电作动器为主驱动装置的飞行试验。两家公司在2016 年进行了以机电作动器为主驱动装置的副翼和扰流板飞行试验，2017 年水平安定面等也陆续采用机电作动器进行飞行试验。A320 飞机襟翼驱动采用机电作动器(图 1-4)，可承受最大静态负载为 70000N，速度为 22mm/s，最大输出功率为 2kW，行程为 440mm。A380 型飞机选择 2H/2E 的飞行控制布局，即两个液压系统和两个电气系统，将液压作动器作为飞行控制主要驱动系统，而机电静液作动器作为液压作动器的备份，同时采用 115V 交流电源供电系统，可以节省约1500kg 重量。

图 1-4 空客 A320 飞机襟翼机电作动器

英国贸易和工业部与 Lucas 航空航天公司共同资助了名为 TIMES(完全集成多电系统)计划，研究与大型机电作动器相关的问题。其主要目标是比较两种潜在的驱动技术，即开关磁阻电机(switched reluctance motor，SRM)和无刷直流电机(brushless direct current motor，BLDC)。英国宇航系统公司建立了一个名为 Helicopter HEAT 机电作动技术的项目，开发直升机主飞行控制系统的机电作动器。

旋转式机电作动器在航空领域也被广泛使用。2009 年首飞成功的 B787 中部扰流板和水平安定面均装备了旋转式机电作动器。2012 年，法国赛峰(Safran)公司"智能翅膀"项目致力于研究如何更加灵活地运用电动控制技术控制舵面。为了满足超高速飞行器对小空间高功率密度电动作动器的需求，部分国家开展了用于薄翼面的电动作动器研究。美国穆格(Moog)公司于 2014 年公布了旋转式机电作动器样机。同年，俄罗斯莫斯科航空学院也公布了旋转式机电作动器样机的研制成果，如图 1-5 所示。

在商用飞机领域，2002～2006 年欧盟启动的名为 AWIATOR 的项目支持了飞机机翼上用于升力控制的分布式机电作动器研究。该系统由称作 Mini-TED3 的6 个机翼后缘装置组成。这些装置由 20 个机电作动器驱动，并于 2006 年完成地面

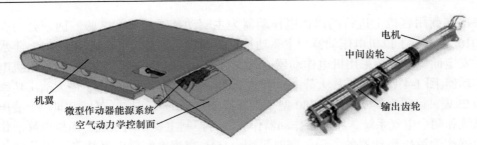

图1-5 旋转式机电作动器样机

和飞行测试。纽卡斯尔大学在 2005 年研究了商用飞机的襟翼(flap)和板条(slat)的机电作动器。该机电作动器集成了断电制动器，具有 34kN·m 的负载能力和 0.25% 的定位精度。2010 年，他们为电动起落架伸缩(electric landing gear extension and retraction，ELGEAR)系统开发了双冗余机电作动器，负载扭矩超过 7000N·m，运行速度超过 18°/s。执行器采用大减速比变速箱。此外，采用机电作动器驱动的反推力装置也已成功应用于 A380、A350，以及 C919 客机。

近年来，国内外都对机电作动系统开展了大量研究。欧盟实施的 Cleans Sky 和 Cleans Sky 2 计划资助了两个机电作动项目，即"飞控系统机电作动器和电子控制单元开发"项目(2017~2019 年)、"高可靠带有监控的主控制面机电作动器"项目(2016~2018 年)。美国国家航空航天局也对亚声速大型飞机的电推进技术及电作动控制器开展了研究。2019 年 1 月，航空发动机制造商 Rolls-Royce 宣布启动 ACCEL(Accelerating the Electrification of Flight)计划，加速飞控系统的电气化。2019 年 8 月，中国航空研究院发布国内首部电动飞机发展白皮书，其中一项关键技术就是高效高功重比电机驱动控制器。随着电动飞机的迅速发展，高性能机电作动系统将发挥更加重要的作用。

2. 航天领域

随着电力电子、高磁能积的永磁体和数字控制器等相关技术的飞速发展，高功率密度、高可靠性的永磁电机制造和控制技术得到飞速发展，机电作动器的功率等级逐步提高，并且随着余度电动伺服机构的研制，可靠性逐渐达到在航天领域应用的要求。高可靠多余度电动伺服机构逐步运用到运载火箭，以及其他具有高安全性要求的先进飞行器中。美国刘易斯研究中心采用先进的感应式交流异步电机，为先进运载系统研发了大功率机电推力矢量伺服系统。其峰值功率可达 30kW，工作温度可达 200℃。美国 Moog 公司开发了用于运载火箭推力矢量控制(thrust vector control，TVC)的中大功率级别的机电作动器，如 12hp(9kW)、21hp(15.6kW)和 38hp(28.3kW)，其中 38hp 机电作动器采用双电机力矩综合技术。

　　从 20 世纪 40 年代开始，美国启动 X 系列先进飞行器研制计划，其中很多飞行器使用机电作动器完成伺服控制。例如，X-33、X-37、X-38 等 X 系列研究性飞行器均采用机电作动系统代替传统液压作动系统实现姿态控制。X-37B 可重复使用轨道飞行器采用基于余度设计的机电作动系统完成飞行器姿态控制。X-37B (图 1-6)包括左右 2 个副翼、左右 2 个 V 尾翼、1 个体襟翼与 1 个再入阻力板，共计 6 套机电作动系统。

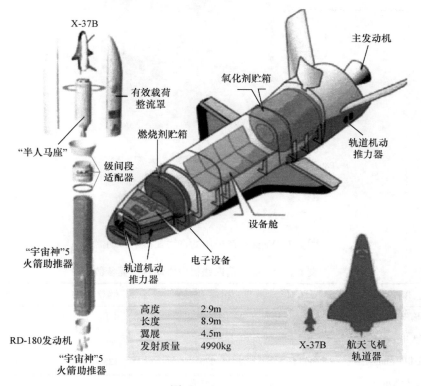

图 1-6　X-37B

　　21 世纪以来，美国 HTV-2 飞行器采用机电作动器完成其在临近空间高空滑翔与末段再入机动的飞行控制。直线式机电作动器在欧洲发射的 Vega 运载火箭中得到较多运用。如图 1-7 所示，Vega 火箭由四级组成，即 P80、Z23、Z9 和 AVUM。每个 TVC 系统都有两个直线式机电作动器，前三级 TVC 均采用永磁同步电机通过变速箱驱动行星滚柱丝杠副输出直线位移。火箭第一级 P80 上的机电作动器末端集成了力传感器，用来监测位置伺服作动器的小幅振动。第二级 Z23 和第三级 Z9 采用相同的机电作动器，结构与 P80 上的机电作动器类似，但是没有集成力传感器。第四级 TVC 上机电作动器的运动转换部件采用的不是行星滚柱丝杠副，而是滚珠丝杠副。Vega 火箭四级机电作动器主要参数如表 1-1

所示。

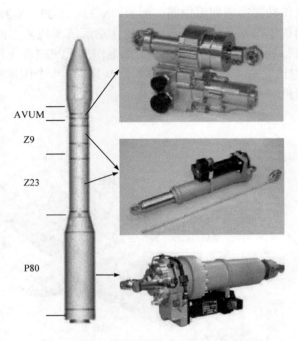

图 1-7　Vega 火箭采用的直线式机电作动器

表 1-1　Vega 火箭四级机电作动器主要参数

指标	第一级(P80)	第二级(Z23)	第三级(Z9)	第四级(AVUM)
单缸输出功率/kW	16	5.4	1.1	0.14
最大出力/kN	100	30	20	2.5
空载速度/(mm/s)	400	275	125	80
有效行程/mm	340	225	225	72
总体尺寸/(mm×mm×mm)	250×350×1050	140×225×700	140×225×700	96×170×251

　　欧洲新一代运载火箭织女星-C 于 2022 年 7 月 13 日首飞成功。织女星系列火箭各级均采用固体发动机柔性喷管与机电作动器完成推力矢量控制。用于织女星-C 的第一级发动机 P120C 取代该系列之前使用的 P80 发动机,成为世界上最大的整体式固体发动机,其最大推力可达 4500kN,其喷管的摆动通过 30kW 机电作动器(图 1-8)实现。织女星-C 一级伺服作动系统如图 1-9 所示。

　　中大功率电动作动器在国外的运用已经成熟。随着国内研制单位的技术推动,以及用户使用需求的强烈牵引,中大功率电动作动系统在航天上的应用已初具规

图 1-8　P120C 的机电作动器

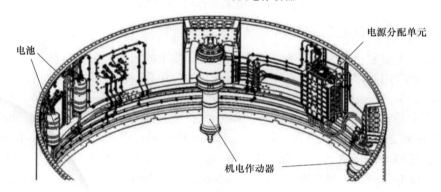

图 1-9　织女星-C 一级伺服作动系统

模，并出现全面取代电液伺服作动系统的趋势。

3. 船舶领域

除航空航天领域，舰船也是机电作动系统的另一个重要应用场合。目前舰船作动系统的能源多为气压、液压和电驱动的混合。全电舰船同全电飞机一样，也是期望将舰船或潜艇的航行操纵系统、武器系统，以及其他辅助装置电气化，以降低成本和噪声，提高可靠性。

装配机电作动器的舰船如图 1-10 所示。2009 年 7 月 23 日，世界上首艘全电化舰艇 "勇敢"号 45 型驱逐舰交付英国皇家海军。2013 年 10 月 28 日，美国第一艘全电舰船朱姆沃尔特级 DDG-1000 在巴斯钢铁造船厂下水，分两步交付海军 (船体、机械和电气系统于 2014 年交付，战斗系统于 2015 年交付)。该舰实现了全电化，主要包括电推进系统(使用感应电机作为主推进动力装置和整体电力系统)。Moog 公司的研究人员设计了一种用于舰船主操纵的机电作动器，采用永磁无刷电机(permanent magnet brushless motor，PMBLM)作为主驱动装置。该作动器的行程为 304.8mm，最大输出力为 778kN，抗海浪冲击峰值输出为 1512kN，额定速度为 20.3mm/s，重量为 887kg。

(a) 45型驱逐舰   (b) 朱姆沃尔特级驱逐舰

图 1-10   装配机电作动器的舰船

1.2.2   机电作动系统发展趋势

世界主要发达国家对于大功率机电作动器技术的研究经过多年的发展，开始进入工程应用阶段。国外开展电作动器研究的公司和科研院所主要包括：美国的 Moog 公司、Parker 公司、Lockheed-Martin 公司、TRW 公司、MPC 公司、美国空军研究实验室(Air Force Laboratory，AFL)等，欧洲的 Goodrich 公司、Liebherr 公司、Lucas 公司、Smith 公司，德国 Hamburg-Harburg 大学、法国 INSA-Toulouse 大学、英国 Sheffield 大学、瑞典 Linköping 大学、瑞典皇家理工学院等，以及加拿大、日本等国家的研究机构。其中，Moog 公司、Parker 公司、Goodrich 公司和 Liebherr 公司等已形成系列产品，机电作动器的销售已成为其主要业务之一。

随着多电/全电飞机的发展，机电作动系统作为多电和全电飞机的主要执行机构和关键部件，其安全性和可靠性事关整个飞行器的安全。因此，机电作动系统的安全性和可靠性成为当前关注和研究的热点。为了提高机电作动系统的安全性和可靠性，通常采用余度技术(又称为冗余技术)，即采用多套相同功能的机电作动子系统相互协调工作，从而可靠地执行飞行控制计算机的指令，完成指定的动作。余度技术可以在一定程度上提高飞行器的安全性和可靠性，但是并非余度越多越好。随着余度和安全系数的提高，作动系统的重量、体积、复杂度显著增加，而且随着器件数量的增多，系统发生故障的概率也增加了。余度的增加对余度管理策略也提出很高的要求，这无疑会增加控制计算机的负担和复杂度，使其可靠性降低。因此，为了提高机电作动系统的安全性和可靠性，在克服余度技术缺点的基础上，需要研究一种高可靠性、高功率密度的电机驱动控制系统。这对于机电作动器的发展，尤其是大推力运载火箭、大飞机、各型军机的发展具有重要的科学、工程和现实意义。

目前，大功率机电作动系统存在如下难题，需要进行技术攻关和分析研究。

(1) 控制器可靠性较低。大功率电机驱动器中的功率管可靠性低，容易被击穿；控制器故障检测与旁路困难。现有的驱动结构与容错算法一般仅具有应对绕组开路和功率管开路等故障的有限容错能力，并且故障时转矩脉动较大。

(2) 电机容错能力差。当存在绕组故障时，难以带故障运行。特别是，绕组发生短路时会严重发热，同时加重其他绕组的发热。

(3) 控制性能难以同时满足动态特性、稳态精度、鲁棒性等高要求。传统电机模型各相电压、电流、电机输出力矩关系的描述不利于高性能、容错控制器的设计及实现；常规控制方式采用高增益会使闭环系统稳定裕度降低；传统矢量控制方法容错性能差、动态特性慢。

(4) 系统功率密度及运行效率不够高，制约了其在现代飞行器上的规模化应用。

未来，机电作动系统将向以下方面发展。

(1) 性能方面，主要向高可靠、高动态、高精度、高效率的方向发展。

(2) 功能方面，向伺服作动、故障诊断及平台运行状态监控等多功能方向发展。

(3) 应用方面，向系统化、复合集成的方向发展。

以新型容错永磁同步电机(fault tolerant permanent magnet synchronous motor, FTPMSM)为主，采用先进处理器的数字控制技术，以及先进的高性能控制方法，是机电伺服系统发展的总趋势。高可靠容错技术、高动态控制方法，以及高效率驱动技术是系统实现面临的难题，因此需要对相关核心技术进行持续研究和攻关。

1.3 机电作动系统关键技术

1.3.1 传动技术

根据实际需求，机电作动系统传动机构一般包括齿轮传动机构和丝杠传动机构。齿轮传动机构主要分为圆柱齿轮减速器、谐波减速器、摆线针轮减速器、准双曲面减速器等。丝杠传动机构主要包括行星滚柱丝杠副、滚珠丝杠副、梯形丝杠等。

1. 齿轮传动

齿轮传动机构依靠齿面的啮合实现对两轴之间运动及功率的传递，是广泛应用的一种传动机构。齿轮传动具有结构紧凑、传动可靠性好、传动效率高、工作寿命长、适应较大范围的功率与速度传递需求等优点。按照输入输出轴的关系，可分为平行轴齿轮传动机构、相交轴齿轮传动机构，以及交错轴齿轮传动机构。机电作动系统采用较多的是平行轴多级圆柱齿轮传动机构与谐波齿轮传动机构。

1) 圆柱齿轮传动

根据轮齿与轮轴之间的关系，圆柱齿轮分为直齿轮、斜齿轮、人字齿轮等。圆柱齿轮传动如图 1-11 所示。圆柱齿轮传动具有结构简单、易于制造和维修、传动效率高、能有效转换和传递力矩的优点。圆柱齿轮传动的主要缺点是齿轮间存在啮合间隙、传动精度低、冲击噪声大、占用空间较大、重量大。

(a) 直齿轮　　　　　　　　　　(b) 斜齿轮　　　　　　　　　　(c) 人字齿轮

图 1-11　圆柱齿轮传动

2) 谐波齿轮传动

谐波齿轮传动机构是一种利用柔性齿轮产生可控制的弹性变形波，引起刚轮与柔轮相对错齿来传递动力和运动的减速装置。谐波齿轮传动机构主要由三部分组成，即带内齿的刚轮、带外齿的柔轮，以及能够使柔轮发生弹性变形的波发生器。谐波齿轮传动示意图如图 1-12 所示。其中，波发生器为主动件，由椭圆盘和柔性薄壁球轴承组成；刚轮或者柔轮中的一个为从动件，另一个固定。刚轮一般比柔轮多 1～3 个齿。

谐波齿轮传动机构具有传动减速比大(单级传动速比范围通常为 70～320，有时可达 1000)、承载能力强、可实现无侧隙啮合、传动精度和传动效率高、结构简单、安装方便、体积小、重量轻等优点。谐波齿轮传动机构的主要缺点是柔轮周期性地发生变形产生交变应力、易产生疲劳破坏、转动惯量和起动力矩大、应用场合受限等。

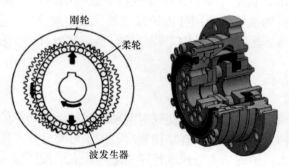

图 1-12　谐波齿轮传动示意图

3) 摆线针轮减速传动

摆线针轮减速传动是一种采用摆线针齿啮合、少齿差行星传动原理形成的行星传动机械，主要由输入部分、减速部分、输出部分组成。在输入部分，输入轴上一般装有一个错位 180°的双偏心套。偏心套上装有两个称为转臂的轴承。在减速部分，两个摆线轮的中心孔作为偏心套上转臂轴承的滚道，摆线轮与针齿轮上一组环形排列的针齿啮合，组成齿差为一齿的内啮合减速机构。为了减小摩擦，在减速比小的减速器中，针齿上带有针齿套。在输出部分，摆线轮的低速自转运动通过销轴传递给输出轴。摆线针轮减速传动示意图如图 1-13 所示。

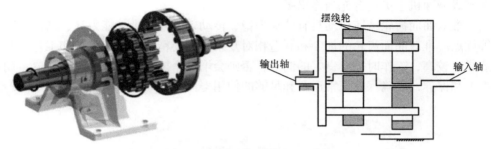

图 1-13　摆线针轮减速传动示意图

当输入轴带着偏心套转动时，由于摆线轮上齿廓曲线的特点及其受针齿轮上针齿限制，摆线轮的运动成为既有公转又有自转的平面运动。在输入轴正转一周时，偏心套亦转动一周，摆线轮于相反方向转过一个齿从而实现减速，然后借助输出机构将摆线轮的低速自转运动通过销轴传递给输出轴，从而获得较低的输出转速。其单级就能达到 87 的高减速比和 90%以上的效率。如果采用多级传动，减速比更大。一级传动减速比为 11～87，双级传动减速比为 121～7569，多级组合可达数万，并且针齿啮合系套式滚动摩擦，啮合表面无相对滑动，因此一级减速效率可达 95%。

摆线针轮减速传动具有体积小、重量轻、传动比范围大、传动平稳、效率高、精度高、保养简单、使用可靠、寿命长、噪声小、维修方便等优点。但是，摆线针轮减速传动负荷不能过大、高负载下销套极易出现损坏现象，并且销轴、销套加工精度要求高、难度大。

4) 准双曲面减速传动

准双曲面齿轮传动是一种常用的齿轮传动装置，属于斜齿轮减速，核心部件包括驱动轴、输出轴和准双曲面齿轮组。准双曲面齿轮是一种特殊的齿轮副，其齿面曲线呈准双曲面形。根据齿轮的安装情况，输入轴和输出轴的旋转方向可以相同或相反，通过轴线偏置实现具有更大螺旋角的小锥齿轮，从而提高齿轮啮合的重合度，即在结构空间相同的情况下，可以比简单的螺旋弧齿轮传输更大扭矩。准双曲面齿轮减速器的工作原理是，通过输入轴上的齿轮驱动准双曲面齿轮组的运动，然后由准双曲面齿轮组传递扭矩和转速给输出轴，实现输入轴和输出轴之间的传动比变换。减速器的传动比可以通过准双曲面齿轮组的齿轮组合方式和齿数来确定。准双曲面减速传动示意图如图 1-14 所示。

准双曲面齿轮减速传动以极高的运行平稳性而著称，但是不适合极高转速。一方面，轴线偏置会额外引起齿面间的纵向滑移，因此必须采用特殊润滑油。另一方面，齿面间的反作用力较高，需要使用圆锥滚子轴承保证在一般的驱动转速下有足够的使用寿命。由于轴承和密封件会造成功率损失，因此准双曲面锥齿轮在多级减速机上更适合充当输出级。

准双曲面齿轮减速传动具有传动平稳、传动效率高、承载能力高、结构紧凑等优点。准双曲面齿轮的加工和制造相对复杂，需要精密的加工设备和工艺，制造成本较高，工作时需要良好的润滑，否则会增加摩擦和磨损，同时也需要定期维护和保养，以确保其正常运行和足够的使用寿命。

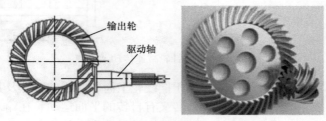

图 1-14　准双曲面减速传动示意图

2. 丝杠传动

应用于机电作动系统的丝杠传动机构主要包括滚珠丝杠副和行星滚柱丝杠副。滚珠丝杠副是精密机械上常用的传动元件，其主要功能是将旋转运动转换成直线运动，具有高精度、可逆、高效率的特点。由于摩擦阻力小，滚珠丝杠副广泛应用于各种工业设备和精密仪器，一般由螺杆、螺母、钢球、预压片、反向器、防尘器等组成。

行星滚柱丝杠副是一种可以平稳、高效实现旋转运动和直线运动相互转化的机械装置，其主要由主丝杠、滚柱和螺母组成。近年来用于机电作动系统的滚珠丝杠副逐渐被行星滚柱丝杠副取代。丝杠副按主动件的不同可分为两种。一种是丝杠轴向固定，驱动其旋转使螺母做轴向运动，即将丝杠的旋转运动转化为螺母带动输出杆的直线运动；另一种是螺母轴向固定，驱动其旋转使丝杠做轴向运动，即将螺母的旋转运动转化为丝杠带动输出杆的直线运动。丝杠传动示意图如图 1-15 所示。

同等直径的滚柱丝杠副的承载能力大约是滚珠丝杠副的 3 倍。在最大速度、寿命方面前者相比后者也有大幅提高，同时滚柱丝杠副的刚度是滚珠丝杠的 2～3 倍，同功率下前者的体积为后者的 50%～70%。在一些要求产品低成本的应用场合，也可以使用梯形丝杠将旋转运动转化为直线运动，但是梯形丝杠存在传动效率低、精度稍差等缺点。

针对丝杠传动存在卡死和过载损坏的问题，研究人员提出一种新型磁力丝杠

(a) 行星滚柱丝杠副　　　　　　　　　(b) 滚珠丝杠副

图 1-15　丝杠传动示意图

结构，通过螺旋磁力传输将旋转运动转换为直线运动。磁力丝杠(图 1-16)由动子和转子两部分构成，两者同轴放置，中间有气隙。转子绕 Z 轴做旋转运动，驱动动子沿 Z 轴做直线往复运动，反之亦然。动子外侧和转子内侧的电工铁环上均表贴 N、S 极交替充磁的螺旋形永磁体。在磁力丝杠中，转子和动子之间无机械接触，通过磁场耦合的方式实现能量的传递。磁力丝杠可以通过在转子上输入机械能实现动子上机械能的输出，反之亦然。

图 1-16　磁力丝杠示意图

　　导弹等飞行器的伺服作动系统安装空间有限，并且要求的传动比较大，往往通过丝杠传动配合拨叉或者连杆等机构实现。

　　1) 丝杠-拨叉传动机构

　　丝杠-拨叉传动机构可以分为三级。第一级将电机输出轴的旋转运动转换为丝杠轴的旋转运动，减速比为 i_1。第二级将丝杠轴的旋转运动转换为螺母的直线运动。第三级将螺母的直线运动转换为舵轴的旋转运动，传动通过拨叉机构实现。丝杠-拨叉传动机构示意图如图 1-17 所示。

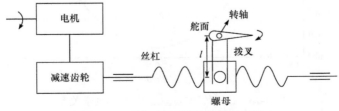

图 1-17　丝杠-拨叉传动机构示意图

将电机转速、螺母离开平衡点的位移、舵面转角分别用 ω、s、θ 表示，则转角与螺母位置的关系为

$$\tan\theta = \frac{s}{l} \tag{1-1}$$

微分可得

$$\frac{\dot{\theta}}{\cos^2\theta} = \frac{\dot{s}}{l} \tag{1-2}$$

整理可得

$$\frac{\dot{s}}{\dot{\theta}} = \frac{l}{\cos^2\theta} \tag{1-3}$$

由于螺母平移速度与电机转速存在如下关系，即

$$\dot{s} = \frac{\omega}{i_1 2\pi} P \tag{1-4}$$

因此，总减速比为

$$i = \frac{\omega}{\dot{\theta}} = \frac{2\pi i_1 l}{P\cos^2\theta} \tag{1-5}$$

其中，P 为丝杠轴旋转运动转换为螺母直线运动的导程。

典型拨叉传动减速比随转角运动学关系如图 1-18 所示，由此可见，其减速比不是常数，会随 θ 角的变化而变化。

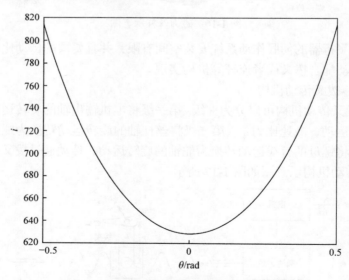

图 1-18　拨叉传动减速比随转角运动学关系

2) 丝杠-连杆传动机构

丝杠-连杆传动机构分为三级。第一级将电机输出轴的旋转运动转换为丝杠轴的旋转运动，减速比为 i_1。第二级将丝杠轴的旋转运动转换为螺母的直线运动。第三级将螺母的直线运动转换为舵轴的旋转运动，传动通过连杆机构实现。丝杠-连杆传动机构示意图如图 1-19 所示。

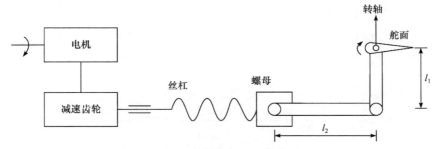

图 1-19　丝杠-连杆传动机构示意图

将电机转速、螺母离开平衡点的位置、舵面转角分别用 ω、s、θ 表示，则转角与螺母位置的关系为

$$(l_1 - l_1 \cos\theta)^2 + (l_1 \sin\theta + l_2 - s)^2 = l_2^2 \tag{1-6}$$

两边对 t 求导，整理可得

$$(l_1 \sin\theta + l_2 - s)(l_1 \dot{\theta}\cos\theta - \dot{s}) + (l_1 - l_1 \cos\theta)l_1 \dot{\theta}\sin\theta = 0 \tag{1-7}$$

螺母平移速度与电机转速存在如下关系，即

$$\dot{s} = \frac{\omega}{i_1 2\pi} P \tag{1-8}$$

因此

$$i = \frac{\omega}{\dot{\theta}} = \frac{2\pi i_1 l_1 [(l_2 - s)\cos\theta + l_1 \sin\theta]}{P(l_1 \sin\theta + l_2 - s)} \tag{1-9}$$

其中，i_1 为电机输出轴旋转运动转换为丝杠轴旋转运动的减速比；l_1 为舵面与螺母轴线距离；l_2 为螺母与舵轴之间连杆的长度；P 为丝杠导程。

典型丝杠-连杆传动机构减速比随转角运动学关系如图 1-20 所示。同样，其减速比不是常数，会随 θ 角的变化而变化。

1.3.2　伺服电机技术

多电/全电飞机对机电作动器的安全性和精准度往往有很高的要求。机电作动器电力驱动部分的故障通常会导致系统失效，因此需要对其电力驱动部分采取容错措施。在机电作动系统中，伺服电机的性能占有举足轻重的地位，

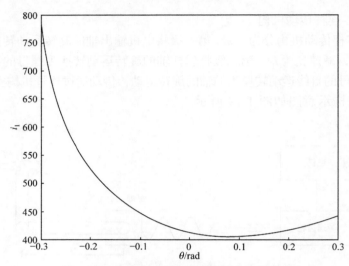

图 1-20　连杆传动减速比随转角运动学关系

要求具有高响应频率,即转子转动惯量小,转矩惯量比大;良好的低速平稳性;
调速范围宽;机械特性硬;过载能力强等。目前的机电作动器驱动电机主要有
永磁无刷直流电机、感应电机和开关磁阻电机等,其中永磁无刷电机应用最为
广泛。

　　在机电作动系统发展的早期,常见的驱动电机有有刷直流电机、步进电机、
感应电机、磁滞电机等。结合具体应用工况,这些电机还会在传统结构的基础
上进行针对性的改造,例如将转子设计为杯型来获得更小的机械时间常数,从
而保证响应速度。

　　随着永磁材料及电力电子技术的不断发展,采用永磁体提高功率密度的无刷
直流电机和永磁同步电机逐渐成为作动系统的主流电机类型。其中,永磁同步电
机因其反电势正弦获得更多的关注。目前,常见的永磁同步电机主要有表贴式永
磁同步电机、内嵌式永磁同步电机。

　　驱动电机的发展仍以提高功率/转矩密度为目标,但是实现途径并不唯一。例
如,以高精度直驱电机和多自由度电机为代表的特种结构电机受到非常多的关注。
这类电机可以在要求比较特殊的场合实现直驱,避免减速箱等机构带来的空间问
题,等效实现功率/转矩密度的提升。除此之外,场调制电机因其特殊的工作原理,
可以实现更高密度的功率或转矩输出,因此受到许多研究人员的关注[2]。作动系
统驱动电机分类如图 1-21 所示。

1. 有刷直流电机

有刷直流电机通过电刷和换向器实现电流方向的改变,具有控制简单、起动

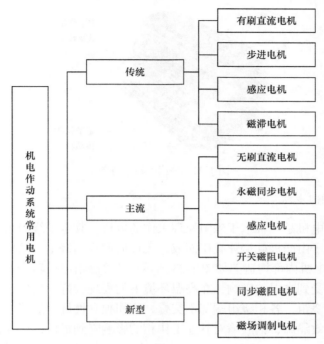

图 1-21 作动系统驱动电机分类

转矩大、转速和转矩易控制等优点,已被广泛应用。尤其是,20 世纪 60～70 年代,驱动主要依靠有刷直流电机,但是有刷直流伺服电机运行时会产生电火花,其应用环境受到一定程度的限制;受限于自身结构特点,无法达到较高的转速和功率;长时间使用后,电刷会磨损,给系统的寿命和维护带来不良影响;由于有刷直流电机转子上有电枢绕组,因此转子转动惯量较大、容易发热。

2. 感应电机

感应伺服电机由定子和转子构成,其转子常采用铸铝或者铸铜的笼型绕组,无需稀土永磁材料和电刷,结构相对简单。感应电机示意图如图 1-22 所示。感应电机具有较低的制造成本和较长的使用寿命,成为许多伺服应用中的经济性选择。然而,感应电机的响应速度相对较慢,起动特性差,特别是在高负载或高惯性情况下,需要额外的控制策略来改善起动性能,因此感应电机的动态响应性能较差。另外,感应电机调速性能较差。感应电机多采用整数槽长跨距分布绕组结构,各相绕组间相互交叠,一旦发生故障将造成故障蔓延,因此容错运行能力较差。

图 1-22　感应电机示意图

3. 开关磁阻电机

开关磁阻电机是一种基于磁阻原理工作的电机，其定子绕组采用节距为 1 的集中绕组，转子由凸极硅钢片叠压而成，无任何形式的绕组，结构简单且可靠性高。开关磁阻电机内部构造图如图 1-23 所示。开关磁阻电机转子不含绕组也不含永磁体，不会受到高温的影响，在高温环境下的表现较好。另外，开关磁阻电机定子采用集中绕组，各相绕组端部不交叠，相间独立性好，故障发生时能够对故障绕组进行有效隔离，把故障对其他工作相的影响降到最低，可靠性高、容错性能好。

开关磁阻电机起动转矩大、调速范围较宽，但是其转矩脉动大，控制精度一般，难以用于高品质伺服系统。同样，由于开关磁阻电机是电励磁电机，效率较永磁同步电机稍低，其功率密度远不及永磁同步电机。开关磁阻电机优缺点如表 1-2 所示。

表 1-2　开关磁阻电机优缺点

优点	缺点
结构简单坚固、适合高速运行	对控制系统要求高
可靠性高	噪声和振动较大
速度调节范围宽、起动电流小	效率受负载波动影响
耐高温	转矩脉动较大

开关磁阻电机的工作原理可以简单概括如下，电机转子上没有永磁体或感应体，而是由一组铁芯组成。当电机定子通电时，定子上的线圈产生磁场，通过控制各相通电次序，可以对转子产生电机转矩。

开关磁阻电机的可控性较好，在电机控制系统中可以通过改变线圈通电次序

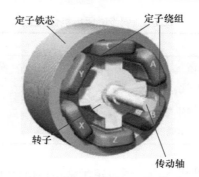

图 1-23　开关磁阻电机内部构造图

和电流大小调节转矩和转速。一般来说，开关磁阻电机可以提供几十瓦到几兆瓦不等的功率输出，最高转速也可以达到几万转每分钟甚至更高，具体取决于电机设计参数和使用条件。

4. 同步磁阻电机

同步磁阻电机(synchronous reluctance motor，SRM)是一种特殊类型的电机，它结合了感应电机和永磁同步电机的特点。与传统的感应电机相比，同步磁阻电机具有更高的效率和更宽的速度调节范围。

同步磁阻电机的定子与同步电机及感应电机相似，由定子铁芯、绕组构成。转子由具有磁障的硅钢片叠压而成。同步磁阻电机内部构造图如图 1-24 所示。定子绕组提供旋转磁场。转子铁芯的形状和磁路设计旨在最大化磁阻。这样的设计使转子在旋转时能够对磁场保持同步，并获得大的磁阻转矩。

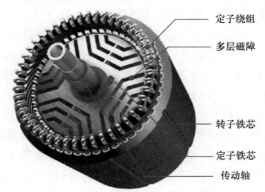

图 1-24　同步磁阻电机内部构造图

同步磁阻电机的工作原理类似于永磁同步电机。同步磁阻电机优缺点如表 1-3 所示。

表 1-3　同步磁阻电机优缺点

优点	缺点
效率较高	功率因数相比较低
速度调节范围宽	控制复杂
转动惯量小、响应快	起动特性较差
结构简单、成本低	转矩脉动较大

同步磁阻电机利用凸极效应，通过定子绕组通电产生磁阻转矩而工作。其结构简单，制造成本低，维护成本也相对较低。但是，同步磁阻电机为了产生较大的磁阻转矩需要增大定子侧励磁电流，效率和功率因数略低。由于其转子与旋转磁场同步运行，同步磁阻电机对负载变化的响应速度相对较快，负载变化时电机能够快速调整输出转矩和转速，以适应新的负载要求。然而，同步磁阻电机的精确控制需要复杂的控制算法，这会增加系统的研制成本。为了获得较大的磁阻转矩，同步磁阻电机绕组多采用分布式结构。与感应电机相似，绕组各相之间相互耦合，容错能力差。总体而言，同步磁阻电机是一种低成本、宽速度调节范围的电机，适合许多应用，如风力发电、电动车等。同步磁阻电机可以提供从几十瓦到几百千瓦的功率范围，转速可以从数百转每分钟到数万转每分钟不等。随着技术的进步，同步磁阻电机的性能将进一步提升，进而拓展其应用领域。

5. 永磁无刷电机

永磁无刷电机的工作原理是通过电子控制器控制定子上绕组的电流产生旋转磁场，与转子永磁体中的磁场相互作用产生转矩。转子上的永磁体提供恒定的磁场，无须励磁。永磁无刷电机有正弦波驱动和方波驱动两种形式。驱动电流为矩形波的电机通常称为永磁无刷直流电机(permanent magnet brushless direct current motor，PMBLDCM)，驱动电流为正弦波的电机通常称为永磁同步电机(permanent magnet synchronous motor，PMSM)。

1) 永磁无刷直流电机

永磁无刷直流电机的可控性较好，可以通过电子控制器准确地控制电流的方向和大小，实现精确的力矩和转速控制。通常来说，永磁无刷直流电机可以提供数十瓦到数百千瓦的功率范围，达到数万转每分钟的最高转速。在应用方面，永磁无刷直流电机常用于需要高效率和高速运行的领域，如家用电器、工业自动化等。永磁无刷直流电机构造图如图 1-25 所示。永磁无刷直流电机优缺点如表 1-4 所示。

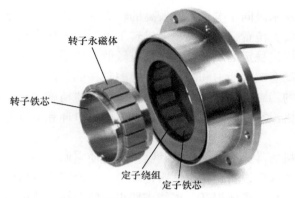

图 1-25 永磁无刷直流电机构造图

表 1-4 永磁无刷直流电机优缺点

优点	缺点
高效率	成本高
高转矩密度	存在退磁的风险
自耦合	控制复杂

2) 永磁同步电机

永磁同步电机在电机转子上固定有永磁体。这些永磁体产生恒定的磁场，当电机的定子通上交流电时，定子上的线圈产生磁场，与转子上的永磁体磁场相互作用，从而产生电磁转矩。通过控制定子线圈的电流，可以实现对电机输出扭矩和转速的控制。永磁同步电机内部构造图如图 1-26 所示。

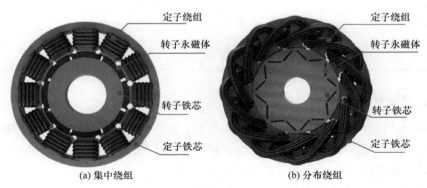

(a) 集中绕组　　　　　　　　(b) 分布绕组

图 1-26 永磁同步电机内部构造图

由于永磁同步电机常采用稀土永磁体励磁，相比于其他类型的伺服电机，可以消除励磁损耗及有关杂散损耗，因此具有较高的效率和功率因数。稀土永磁体剩磁密度较高，使永磁同步电机具有较高的转矩密度和更小的体积。按照永磁体在转子铁芯中的放置位置，永磁同步电机转子可分为表贴式和内嵌式两种结构形式。由于永磁体提供稳定的磁场，电机具有较低的转子惯性和较小的转矩波动，因此可以实现高动态响应能力和高速控制能力。在低速运行时，永磁伺服电机通常能够保持良好的稳定性和精确的控制，适用于需要精确控制低速运行的应用场合。永磁同步电机没有电励磁同步电动机所需的集电环和电刷等，因此其可靠性和效率高。

永磁同步电机通常具有较低的振动噪声，这使它们适用于对振动噪声要求较高的应用场景，如医疗设备、精密伺服传动等。永磁同步电机中的永磁体通常不可更换或维修，一旦永磁体损坏，可能需要更换整个转子或电机。另外，永磁材料的磁场稳定性会受温度和外部磁场等因素的影响，并导致电机性能的变化。此外，永磁同步电机的绕组结构包括分数槽集中绕组和整数槽分布绕组。分数槽集中绕组结构有助于减小转矩脉动，提高相间隔离程度，提升电机容错运行能力。

永磁同步电机的可控性好，可以通过控制线圈电流调节输出转矩和转速。一般来说，永磁同步电机可以提供几十瓦到几兆瓦不等的功率输出，最高转速也可以达到几万转每分钟甚至更高，具体取决于电机设计参数和使用条件。永磁同步电机具有高效率、高功率密度、高速度响应的特点，适合高速和高效率的应用场合，如电动汽车、工业压缩机等。永磁同步电机优缺点如表 1-5 所示。

表 1-5　永磁同步电机优缺点

优点	缺点
高效率	成本较高
高功率密度	控制系统复杂
高转矩密度	存在退磁的风险
宽速度范围	抗振性差

6. 其他特种电机

针对航空航天等领域对电机的特殊需求，高可靠性、高功率密度的模块化永磁式容错电机是一个重要的发展方向。根据永磁体的放置位置，可将现有的模块化容错永磁电机分为转子永磁式和定子永磁式。

1) 转子永磁式容错电机

长期以来，永磁电机大多采用永磁体置于电机转子的结构(即转子永磁式电机)。根据永磁体在转子中的位置，转子永磁式电机又可分为表贴式永磁(surface permanent magnet，SPM)电机和内嵌式永磁(interior permanent magnet，IPM)电机。

如图 1-27(a)所示，永磁体位于转子铁芯的外表面，称为表面凸出式。该电机无凸极效应，即交轴电感和直轴电感相等，定位转矩小，转矩特性好，但是缺少直交轴电感不等而产生的磁阻转矩分量，导致电机的出力有所降低。如图 1-27(b)所示，转子铁芯做成凸极结构，将永磁体嵌在凹进去的部分，称为插入式。与表面凸出式相比，该电机交轴电感较大，可以有效地进行弱磁调速，具有较宽的调速范围，但是各相电枢绕组产生磁通耦合，电机互感大。对于图 1-27(c)和图 1-27(d)所示的两种电机，其永磁体均内嵌于转子内部，因此称为内嵌式，前者永磁体产生的磁通为径向，称为径向内嵌式；后者永磁磁通为切向，称为切向内嵌式。切向内嵌式结构具有聚磁效应，气隙磁场密度可以设计得较大，但是由于转子需要足够的空间安装永磁体，因此内嵌式永磁电机结构不适合小功率电机。

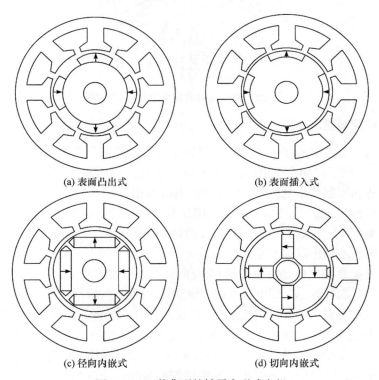

(a) 表面凸出式　　　　　　　　　(b) 表面插入式

(c) 径向内嵌式　　　　　　　　　(d) 切向内嵌式

图 1-27　四种典型的转子永磁式电机

2) 定子永磁式容错电机

永磁体可靠工作是永磁电机可靠运行的重要保证。转子永磁式电机的永磁体位于转子，并随转子一同受到因高速旋转产生的离心力作用。同时，这给电机的冷却带来一定的困难，而温度过高会影响电机的稳定运行。特别是，温度超过永磁体的居里温度，会导致永磁体永久性失磁，电机发生故障。容错式磁通切换永磁(flux-switching permanent-magnet，FSPM)电机结构如图 1-28 所示，每槽只有一套绕组。这一容错电机结构尽管使相间独立性得以提高，并且可以有效防止电机高温运行，但代价却是牺牲了电机反电势波形。这种不对称的反电势会直接导致电机输出转矩性能的下降。

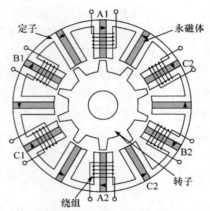

图 1-28　容错式磁通切换永磁电机结构

1.3.3　驱动控制技术

电力电子、高磁能积的永磁体、材料、精密制造和数字控制器等相关技术的飞速发展，推动了高功率密度(高功率重量/体积比)、高可靠性(具有容错能力)多相电机的制造和控制技术的发展，并将多相电机各相及其相应的逆变器(采用独立 H 桥驱动拓扑)作为模块化技术。当某个模块发生故障时，首先通过故障诊断算法，确定故障类型、定位故障位置，然后在故障隔离的基础上，利用容错控制算法，使重构后电机的输出性能与正常时相近。

通常要提高机电作动系统关键部件(电机及其驱动系统)的可靠性，需要细分为三部分的可靠性问题，即电机本体、驱动器、控制器(包括故障诊断策略和控制策略)。这三部分缺一不可，相互依存。电机本体和驱动器是基础，控制器是关键。在设备或者软件发生故障时，通过改变一定的硬件或者软件(功能重构)，能够使整个系统继续保持输出性能不变或者降额工作，即意味该系统能够包容、容忍一定错误的发生，可以通过采取相应的容错控制策略，使整个系统可靠运行。

1. 位置与速度控制技术

现代飞行器的飞行速域和空域不断扩大，对伺服作动系统的动态特性、稳态性能、抗扰能力均提出更高的要求。当前，研究较多的作动系统控制策略主要包括基于经典线性方法的改进和综合、自校正类控制方法、鲁棒控制方法等几类。由于工程实践的需要和相关研究的推进，近年来很多学者提出多种复合型的控制律，将不同类型控制算法相结合，取长补短来满足越来越高的控制性能要求。

1) 经典线性控制

在经典线性控制方法中，最成熟且应用最广泛的控制方法是 PID(proportional integral derivative，比例-积分-微分)控制，具有结构简单、易于实现、鲁棒性强，以及不太依赖对象模型等优点。其中的主要问题集中在控制参数的整定上。文献[3]提出一种利用开环阶跃输入获得试验数据整定 PID 控制器的新方法。文献[4]提出一种新的单变量调整方法，用于在线调整 PID 参数，提高控制系统的性能。文献[5]为提高位置伺服系统跟踪精度及极限带宽，伺服系统位置控制采用结合相位超前环节的 PI(proportional integral，比例-积分)控制器的复合控制来满足伺服系统高精度、高动态的控制要求。

2) 自校正类控制策略

采用自校正策略的控制器，通过对不确定或时变参数和扰动进行在线辨识，实现对控制器参数的自主校正。自适应控制将反馈理论与参数辨识相结合，通过对被控对象设计数学模型并对其进行在线参数辨识，根据系统的输入输出信号和模型的状态构造控制律，依据对象与模型之间的误差动态调整控制器参数，实现转速或位置的优良跟踪性能，可以有效避免参数变化，以及不确定性扰动等因素影响系统的性能。文献[6]提出一种新的模型，参考自适应方法能够对动态变化做出较快响应。文献[7]在伺服系统的自适应非奇异终端滑模控制中，提出一种新的自适应律，在实现最优参数估计的同时引入一个变增益自适应辅助滤波器提取估计误差，从而实现伺服系统具有较高的位置跟踪能力。

上述自校正控制策略能够利用可测量数据对对象模型进行在线修正，抑制参数漂移、环境变化等慢变摄动，但是存在如下问题，即控制系统复杂、模型参数估计计算量大；对参数变化快的系统难以实现快速校正，对快变扰动的抑制效果不理想。

3) 鲁棒控制策略

鲁棒控制策略是针对被控对象模型存在的不确定性提出的，通过设计一个固定结构的控制器使其在一定范围内对参数变化和外界扰动不敏感，即对象的控制性能指标在某种扰动下保持不变。在鲁棒控制理论中，H_∞ 理论较为成熟，通过设计反馈控制使闭环系统稳定，保证扰动至偏差的传递函数矩阵的 H_∞ 范数有界或者最小，并使系统具有鲁棒性。相关学者将基于 H_∞ 理论的鲁棒控制引入电机的控制中，针对抑制参数摄动提升抗扰能力开展了广泛的研究和尝试工作。文献[8]在永磁同步电机调速系统中设计 H_∞ 鲁棒电流控制器和速度控制器，减小参数摄动和负载扰动等不确定性因素对系统的影响。

滑模变结构控制也是通常用于处理不确定性和扰动的有效方法。其滑动模态与系统参数和扰动无关，因此在滑动模态对参数变化和扰动具有很强的鲁棒性。

文献[9]针对伺服控制中动态负载的不良影响，提出滑模变结构矢量控制方法，可以有效提高伺服系统的鲁棒性。

上述鲁棒控制策略均是利用控制系统的自身结构特性实现对一些不确定性摄动的抑制。这类控制器在处理快变扰动和参数变化时具有结构简单、无须在线调节控制参数的优点[10]。

4) 其他控制策略

除了上述控制策略，在机电作动控制领域还有一些方法得到广泛研究，如自抗扰设计方法[11]、智能控制方法等。这些机电作动控制技术的新方法有的处于理论研究、仿真分析阶段，有的处于样机试验阶段。很多新方法在理论分析和原理试验中虽然可以获得不错的效果，但是在工程应用中依然存在诸多限制和难题。在现代飞行器快速发展的新形势下，上述控制方法已无法同时满足机电伺服作动系统对多个性能指标越来越高的要求，因此需要研究具有实用意义的创新控制方法，满足机电作动系统高动态、高精度、强鲁棒性的性能需求。

2. 转矩/推力控制技术

力矩环是机电作动系统的最内环，要求具有快速的频率响应特性。其控制的快速性、精确性和鲁棒性将直接影响整个伺服控制系统的性能。永磁同步电机是一个具有非线性和强耦合特性的多输入多输出系统，其在运行过程中存在非常复杂的电磁关系，系统中存在磁路耦合，因此难以精确建立其数学模型。针对上述复杂对象，现有的解耦控制方法主要包括基于转子磁链的磁场定向控制(field-oriented control, FOC)、基于定子磁链的直接转矩控制(direct torque control, DTC)、模型预测控制(model predictive control, MPC)等。

1) 矢量控制

多相电机驱动控制采用最多的就是磁场定向矢量控制方法。该方法采用多个内部电流控制回路嵌套于外部速度控制器的结构。其基本思想是，将定子电流从定子坐标系变换到与转子磁链同步旋转的 d-q 坐标系，从而将定子坐标系中的交流变换为转子坐标系中的直流，具有稳态时转矩脉动小、控制精度高的特点。

在矢量控制器设计方面，主要包括基于定子坐标系的电流闭环和基于转子坐标的电流闭环两种结构。基于定子坐标系的电流控制直接对电枢电流进行闭环控制，无须关注电机结构参数，控制简单，容易实现。在该方法中，相电流控制器对定子各相电流进行闭环控制，误差信号为正弦交变信号，其频率与电机转速成正比。在电机高速运行时，高频交变电流因控制器有限的增益和通频带容易导致输出具有较大的相移和误差。若采用滞环控制等高增益控制器，虽然动态响应快，但是容易产生振荡，电流纹波较大。在基于转子坐标系的电流闭环结构中，励磁分量与力矩分量的控制一般采用误差线性 PI 控制，难以实现内环的高动态。为解决上述问题，文献[12]提出可通过电流反馈直接计算耦合项，在直交轴控制器输出端叠加一个与耦合项大小相等、符号相反的控制量，构成电流反馈解耦，利用直交轴电流为输入设计电压前馈补偿器。解耦矢量控制原理框图如图 1-29 所示，其中 ASR 指转速调节器；ATR 指转矩调节器；AΨR 指磁链调节器。虽然解耦矢量控制能有效提高动态性能，但是反馈解耦严格依赖被控对象的数学模型，以传递函数矩阵对角化为目标，通过构建解耦项抵消电流环内部耦合，因此对速度、电流，以及电机实际参数的测量要求较高。

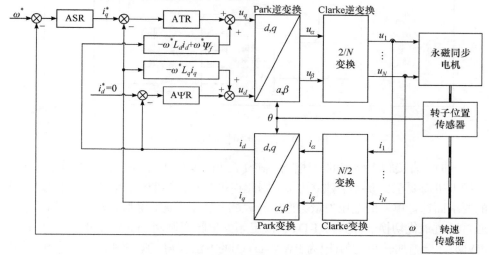

图 1-29　解耦矢量控制原理框图

　　在基于磁场定向的电流控制策略方面，主要包括最大转矩/电流比控制 (maximum torque per ampere control，MTPAC)、$i_d = 0$ 控制、弱磁控制、最大输出功率控制、$\cos\varphi = 1$ 控制、恒磁链控制等。上述电流控制方法经过长期的发展已逐渐成熟，并成功用于不同背景的伺服控制。除上述控制策略，通过对定子电流注入谐波的方法可以改善电枢磁通，提高电机转矩，因此成为近年的研究热点。传统基于谐波注入的抑制策略只对特定的低次电流谐波有效，而对其他幅值较高的低次谐波抑制效果不够理想。为此，文献[13],[14]通过不同的方法实现对基波、三、五、七次谐波电流的解耦控制。文献[13]将传统两空间矢量控制扩展至零序子空间，可以有效提高控制性能，通过利用谐波电流，提升输出转矩。文献[14]提出一种新的基于谐波观测器的电流谐波抑制策略，在不影响基波电流控制目标的前提下，实现对低频电流谐波的有效抑制。

　　2) 直接转矩控制

　　直接转矩控制原理是通过两个滞环控制器独立对定子磁链和电磁转矩进行控制，如图 1-30 所示。该方法无须坐标变换，采用空间矢量脉宽调制(space vector pulse width modulation，SVPWM)直接对定子磁链和电磁转矩进行高增益的开关控制，因此系统动态特性好、转矩响应迅速，但是稳态时定子磁链和电磁转矩的控制很难准确，存在转矩波动大的问题，难以应用于高精度的伺服控制场合。

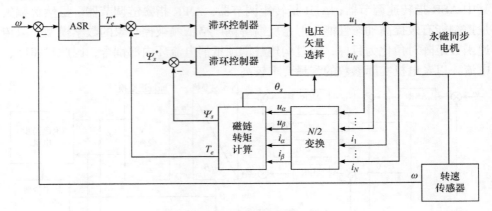

图 1-30　直接转矩控制原理框图

同时，直接转矩控制的上述特性制约了其在多相电机上实现高性能控制。因为多相电机需要至少 $n-1$ 个独立电流，因此在每个开关周期中，单纯依据磁通和转矩的要求而选择单一的电压矢量会产生较大的非转矩磁通，降低效率。定子电压矢量通常通过最优切换表(记为 ST-DTC)或定频矢量脉宽调制(pulse width modulation，PWM)直接施加转矩均值(记为 PWM-DTC)的方法获得，其控制器效率随电机相数和自由度的增加而降低。

直接转矩控制虽然较少用于多相电机，但是近年来在双三相永磁同步电机的应用中也取得一些进展。文献[15]通过引入闭环电流谐波补偿策略应对谐波电流失真问题。通过控制电流为零，实现电压参考调制，利用新切换表和电压矢量组，可以有效解决电流谐波问题。文献[16]提出基于动态开关表的零共模电压直接转矩控制方法，利用部分旋转矢量构建直接转矩控制的开关表，通过引入动态旋转矢量和零矢量解决电机转矩和转速脉动大的问题。

3) 模型预测控制

在采用转子磁场定向控制(rotor field oriented control，RFOC)技术的电流控制律设计方面，很多学者采用模型预测控制方法代替经典 PI 控制器，以解决传统控制无法满足高动态力矩控制的难题。在多相电机的应用中，由于可用转换器的开关状态数量有限，因此在控制中通常使用有限控制集模型预测控制。FCS-MPC(finite control set-model predictive control)策略近年来已成功应用于永磁同步电机系统，对参数失配、计算量大、不确定切换频率等问题的改进也愈发成熟。

为解决模型预测控制参数依赖问题，文献[17]提出基于增量模型的永磁同步电机电流模型预测控制，通过引入增量预测模型，利用电感扰动控制器实时更新电感信息，降低参数灵敏度。为了降低计算复杂度并提高精确度，文献[18]~[21]在基于多步骤模型预测控制的快速预测和智能预测方向上进行了许多尝试。文献[18]提出一种高效的多步直接模型预测控制方案，利用球体解码算法(sphere decoder algorithm，SDA)解决长期最优控制问题，通过评估少量候选解来减少计算负担。文献[19]和文献[20]则在多步模型预测转矩控制基础上进行了改进。文献[19]提出一种用于永磁同步电机驱动器的基于频带的控制策略，使用带约束降低计算复杂度。文献[20]通过将转矩转换为磁链消除加权因子，确保良好的稳态和动态性能。文献[21]引入显式模型预测控制确保硬件实时性，通过线性化模型和增广模型改进观测器消除非线性影响，佐证了模型预测控制在连续控制集伺服系统中应用的可能性。

4) 其他替代控制方案

对于控制方案和实现方式的研究，国内外的相关学者在数十年研究和创新中提出诸多新型控制方案和新颖的系统结构替代或补充以上控制策略，提升系统综合性能指标。文献[22],[23]在磁场定向和直接转矩控制策略的基础上进行创新。文献[22]提出分数阶磁场定向控制 FO-FOC 方法，将整数 PI 控制器改为分数阶，提升控制器在不同工作点下的适应能力。文献[23]提出改进的迭代学习直接转矩控制，通过改进控制项和迭代学习降低表贴式永磁同步电机输出转矩波纹。文献[24]提出基于数据驱动的最大熵深度强化学习 SAC(soft actor critic)智能控制方法。该方法通过训练 SAC 代理取代传统 PID 控制的速度环直接输出电压，实现智能控制。

1.3.4 位置传感与测量技术

1. 旋转变压器结构及其工作原理

旋转变压器是一种利用变压器电磁耦合原理，将转角变为电压信号的传感器。与电机一样，它也由旋变定子和旋变转子构成。普通旋变绕组，主要由一组励磁绕组 R1、R2，以及两组相位差 90° 的反馈绕组 S1、S3 和 S2、S4 构成。正常工作时，高频的激励信号作用于 R1、R2 产生正弦电流，反馈绕组感应的信号包络和电机转子位置呈正弦、余弦函数关系，通过解析反馈信号可获取电机的转角。旋变抗振性好、精度高、转换速度快，并且对机械和电磁噪声不敏感，符合作动系统的应用环境和使用要求。

旋转变压器结构示意图如图 1-31 所示。初级绕组即励磁绕组和次级绕组均位于定子上，但是转子的特殊设计使次级耦合信号随着角位置的变化而发生正余弦变化。

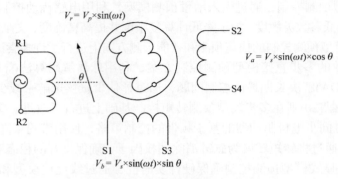

图 1-31　旋转变压器结构示意图

两个定子次级绕组相位错位 90°，初级绕组采用交流电压源激励，定子次级绕组上耦合信号幅度是转子相对于定子位置的函数。根据电磁耦合原理可知，旋变产生正弦和余弦调制的两个输出电压(S1-S3和S2-S4)。

旋变输出电压和转角关系为

$$S1-S3 = kE_0 \sin(\omega t)\sin\theta$$
$$S2-S4 = kE_0 \sin(\omega t)\cos\theta \tag{1-10}$$

其中，θ 为转角；k 为旋变变压比；ω 为转子激励信号角频率；E_0 为转子激励信号幅度。

旋转变压器的接口电路又称旋转变压器数字变换器(resolver digital converter, RDC)，可以实现模拟信号到控制系统数字量的转换。随着电子技术的飞速发展，RDC 已发展成一系列的单片集成电路，可以弥补过去由分立元件搭成的 RDC 体积大、可靠性低的不足，给工程应用带来极大便利。旋转变压器和 RDC 单片集成电路可以构成高精度的转角位置检测系统，直接输出数字形式的转角位置信息，方便控制系统使用。

AD2S1210 是一款经典的旋转变压器信号解调单片集成电路。AD2S1210 管脚图如图 1-32 所示。主要引脚配置如下，CLKIN 和 XTALOUT 为 8.192MHz 的晶振接口；RES1 和 RES0 控制旋变的分辨率；SCLK、SDO、SDI 为旋变解调芯片的串行，如 SPI 通信接口；RD、WR 控制芯片的读写；$\overline{\text{SOE}}$ 置低设置芯片为串行工作方式；A、B、NM 为增量式编码器仿真输出接口；LOT、DOS 为跟踪丢失和信号降级接口；A0、A1 设置芯片的工作方式；EXC、$\overline{\text{EXC}}$ 为内置正弦波发生器信号输出端，输出旋转变压器的激励信号；SIN、SINLO、COS、COSLO 分别为旋转变压器的正余弦信号接口。

为提高系统抗电磁干扰性能，本书作者发明了一种模拟隔离电路，即对 AD2S1210

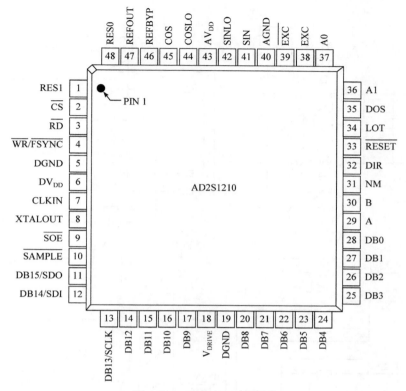

图 1-32 AD2S1210 管脚图

产生的激励信号和旋转变压器产生的正、余弦反馈信号均进行隔离，由于旋转变压器激励信号和反馈信号频率高达数十千赫兹，要求隔离放大器带宽高、相移小。图 1-33 是相关电路，其中隔离运算放大器采用 AMC1301 等隔离运放，AMC1301 是一款隔离式精密放大器。它的输出与输入电路由抗电磁干扰性能极强的隔离栅隔开。该隔离层可将系统中以不同共模电压运行的器件隔开，防止高电压冲击导致低压侧器件电气损坏。其输入级由一个全差分放大器组成，驱动一个二阶 Σ-Δ 调制器。该调制器将模拟输入信号转换为数字比特流，并通过隔离输入侧和输出侧的隔离屏障进行传输。在输出端，接收到的比特流由四阶模拟滤波器处理。该滤波器在 OUTP 和 OUTN 引脚处输出与输入信号成比例的差分信号。

在图 1-33 中，AMC1301 首先将 AD2S10 产生的激励信号，即模拟输入信号数字化，将数据通过隔离屏障从数字控制器侧传输到旋转变压器侧，再转换为模拟信号。VP、VN 再经差分放大及功率驱动即可对旋转变压器进行激励。

2. 线性可变差动变压器位移传感器结构及其工作原理

对直线式作动器，常采用直线位移差动变压器(linear variable displacement

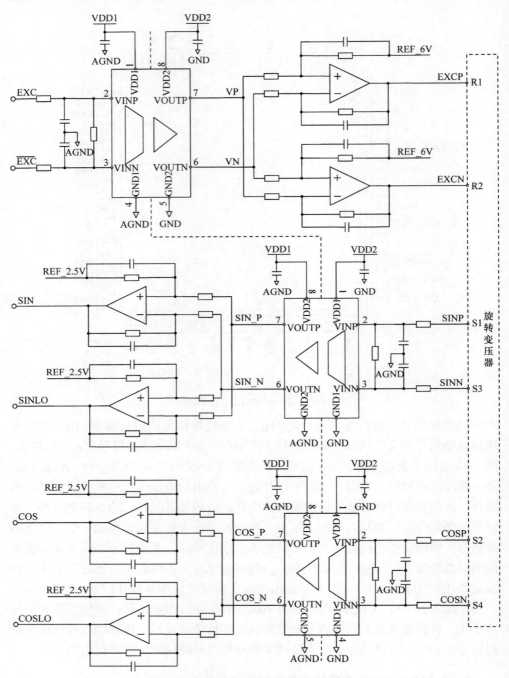

图 1-33 旋转变压器隔离型激励与信号反馈电路

transducer，LVDT)位移传感器对位移进行测量。LVDT 具有结构简单、无接触测量、分辨率和灵敏度高、使用寿命长、抗污能力强、稳定性好等优点。

　　LVDT 的结构由铁芯、衔铁、初级线圈、次级线圈组成，如图 1-34 所示。初级线圈、次级线圈分布在线圈骨架上，线圈内部有一个可自由移动的杆状衔铁。当衔铁处于中间位置时，两个次级线圈产生的感应电动势相等，输出电压为 0V；当衔铁在线圈内部移动并偏离中心位置时，两个线圈产生的感应电动势不等，有电压输出(电压的大小取决于位移量的大小)。

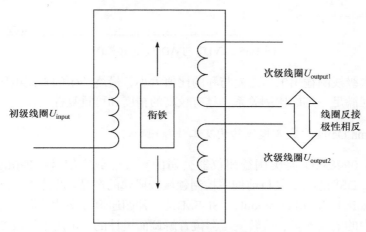

图 1-34　LVDT 结构示意图

　　为了提高传感器的灵敏度、改善传感器的线性度、增大传感器的线性范围，设计时将两个线圈反串相接，使两个次级线圈的电压极性相反。LVDT 输出的电压是两个次级线圈的电压之差，输出电压值与铁芯的位移量呈线性关系，即

$$(U_{\text{output1}} - U_{\text{output2}}) = Kx$$

其中，K 为比例系数；x 为铁芯位移量。

　　在这种类型位置传感器的输出信号中，感应电压的大小表示位移大小，电压极性表示位移方向，LVDT 是一种绝对式位移传感器。

　　AD598 结合 LVDT 使用，可以将 LVDT 的机械位移转换为精度较高的电压量输出。其集成程度较高，所有电路均集成于一块芯片，仅需在对应的引脚增加几个无源电子元器件即可设置激励信号幅值、频率等，并能将 LDVT 次级输出转换为一个与线位移成比例关系的直流信号。如图 1-35 所示，AD598 内部由两部分组成，一部分包括正弦波振荡器和功率放大器，用以产生正弦波来驱动 LVDT 初级线圈，即为 LVDT 提供一定幅值、频率的激励源，正弦波的幅值与频率通过外接电阻和电容进行调节；另一部分包括解调器、滤波器、输出放大器，可以解算

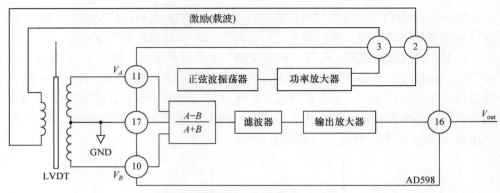

图 1-35　LVDT 与 AD598 连接框图

得到两个次级线圈输出电压之差与和的比值大小，最终产生的直流电压信号与铁芯位移之间满足一定的比例关系，具有较高的精度和可重复性。

3. Sigma Delta 滤波器模块结构及工作原理

TMS320F283xD 是美国德州仪器公司的高性能数字信号处理(digital signal processing，DSP)芯片，是目前伺服控制领域较成熟的产品。芯片带有的 Σ-Δ 滤波器模块(Sigma-Delta filter module，SDFM)是一种四通道数字滤波器，是专为电机控制应用中的电流测量和旋转变压器位置解调而设计的，可用于接收 Σ-Δ 调制器输出的一位数字流，滤波解调后得到原始模拟信号。传统的电流采样基于模拟-数字转换器(analog-digital converter，ADC)模块，利用采样电阻将检测电流转化为电压之后，经过电气隔离再经调理电路将电压设定在一定范围内才传输给 DSP 芯片。SDFM 模块可直接接收Σ-Δ数据，避免复杂的外围电路设计，不但给电流检测提供了新思路，而且抗干扰性能强。

Σ-Δ ADC 包括数字和模拟两大部分，组成框图如图 1-36 所示。模拟部分是一个 Σ-Δ 调制器，以远大于奈奎斯特频率的采样率对模拟信号进行采样和量化，输出 1bit 的数字流，数字部分是一个数字滤波器，可以实现低通滤波。滤除大部分经过 Σ-Δ 调制器整形后的量化噪声，并对 1bit 的数据位流进行减取样，得到最终的量化结果。

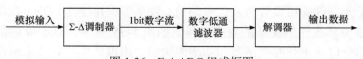

图 1-36　Σ-Δ ADC 组成框图

Σ-Δ ADC 对模拟信号的数字化在 Σ-Δ 调制器部分完成，它把模拟信号用增量调制的方法量化成一位串行数字位流。Σ-Δ 调制器由求取差值(Δ)的求和单元、一

阶或多阶积分器(Σ)、量化器和一个 1bit 的数模转换器组成。一阶 Σ-Δ 调制器结构
如图 1-37 所示。

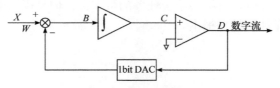

图 1-37　一阶 Σ-Δ 调制器结构图

图中 X 是要转换的模拟信号采样值，D 是已经采样量化了的 1bit 数字流信
号。量化过程为输入信号 X 与反馈信号 W 反求和，得到量化的误差信号 B。误
差信号 B 进入积分器积分，输出的信号 C 输入至量化器进行量化，得到由 0 和
1 组成的数字序列 D。数字序列 D 又经过一位的数模转换器(digital-analog converter,
DAC)反馈至求和节点，形成闭合的反馈环路。由采样定理可知，对采样值 X 进行
过采样之后，数字输出 D 就是 X 对应的数字转换。

如图 1-38 所示，积分器由传递函数为 $1/s$ 的积分环节代替，量化器等效为产
生 $N(s)$ 的噪声源，可得输入函数和量化噪声至输出的传递函数，即

$$V_{out}(s) / V_{in}(s) = 1 / (s + 1)$$
$$V_{out}(s) / N(s) = s / (s + 1)$$

(1-11)

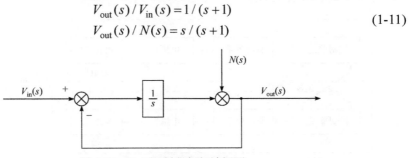

图 1-38　Σ-Δ 调制器复频域框图

可以看出，调制器对于输入函数是低通滤波器，对于噪声而言则是高通滤波
器。Σ-Δ 调制器采用过采样技术使噪声幅值减小且分布频率范围扩大，大量的噪
声被推向高频部分，需要的输入则被保留在低频区域，之后便可利用低通滤波器
对量化噪声进行滤除。调制器输出一位数字流后，Σ-Δ ADC 的数字滤波器可滤除
数字位流中的高频噪声，提高模数转换精度。因为在调制器量化过程中采用过采
样技术，因此为了得到最后的数字结果，对过滤后的数据进行抽取，最后得到低
速率、高精度的数字输出。

1.3.5　余度及容错技术

采用余度技术是提高作动系统任务可靠性的重要途径，其中两余度作动系统

可以满足大部分情况下的可靠性要求。机电作动系统冗余技术的实现及故障隔离相对而言比较困难。目前主要有力综合与运动综合两种模式。

虽然余度技术可以显著提高系统任务的可靠性，但是提高电机和驱动器控制等部件的基本可靠性仍然是根本。

1. 力综合模式

1) 基本原理

下面以两余度机电作动系统为例简要介绍其工作原理。采用离合器作故障隔离及通道切换的两余度机电作动系统常采用图 1-39 所示的结构，控制单元 1、驱动单元 1、电机 1、离合器 1 共同组成通道 1；控制单元 2、驱动单元 2、电机 2、离合器 2 共同组成通道 2。两个通道既可以同时工作，也可以构成主/从模式。在主/从模式下，一个单元为主通道，另一个为从通道，例如，控制单元 1 为主控制单元，控制单元 2 为从控制单元。当两通道均正常时，两通道同时工作，共同带动舵面旋转；当某一通道，如通道 2 发生故障时，离合器 2 断开，隔离故障通道 2，仅通道 1 带动系统工作；反之，当通道 1 发生故障时，离合器 1 隔离故障通道 1，仅通道 2 带动系统工作。

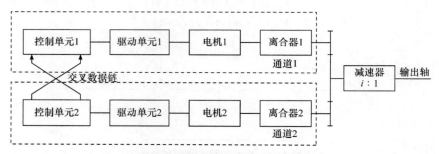

图 1-39　力综合模式两余度作动系统原理框图

2) 技术特点

通过相应离合器的吸合与分离，可以方便地接入和分离相应的通道，控制简单灵活，系统自诊断方便。但是，当两通道均正常工作时，两电机共同带动舵面旋转，作用在负载上的转矩为两电机转矩之和，因此需解决负载均衡与力纷争的问题。这对电流检测、控制器的设计和功能都提出较高的要求。此外，由于离合器转动惯量较大，而且在正常工作时，离合器串接在机械传动链中，因此对系统带宽影响较大。该结构适用于动态特性要求相对较低的系统，如苏-27 的两余度油门作动系统。

2. 运动综合模式

1) 基本原理

本书作者提出一种运动综合模式两余度机电作动系统结构，如图 1-40 所示。通道 1、2 通过差速器将两电机转动综合后经过减速器带动舵面旋转，其中差速器是运动合成装置，制动器是故障隔离装置。

当两通道均正常时，通道 1 和通道 2 共同带动舵面旋转。当其中某一通道发生故障，如通道 2 发生故障时，制动器 2 锁住通道 2 的电机 2，仅通道 1 维持整个系统工作；反之，当通道 1 发生故障时，制动器 1 锁住故障通道 1 的电机 1，仅通道 2 维持整个系统工作。

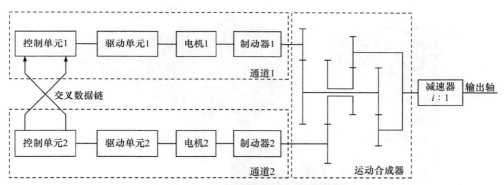

图 1-40 运动综合模式两余度机电作动系统结构图

2) 技术特点

当某一通道发生故障时，只需用相应的制动器锁住相应故障通道的电机即可。由于输出轴的位移输出为两输入轴的机械运动合成，并且作用力等于反作用力，因此两电机的输出力矩相等，不存在余度作动系统常有的力纷争问题。

由于在正常工作时仅制动器的动盘接入传动链，而动盘转动惯量和相同力矩的离合器转动惯量相比要小得多，因此运动综合模式容易实现高带宽。当然，在设计中要尽量降低差速器的转动惯量，否则会给带宽的提高带来困难。图 1-41(a) 和图 1-41(b) 是本书作者发明的一种双输入单输出运动合成器和采用该运动合成器的两余度作动器。

3. 容错电机模式

采用多电机驱动余度技术虽然可以提升全系统的任务可靠性，但提高单通道的可靠性是根本。此外，多余度系统也存在增加系统复杂度、成本、体积和重量等问题，难以实现高功率密度。因此，具有高功率密度、强容错能力的容错电机已成为当前航空航天关键技术研究的热点和发展趋势[25]。

容错电机是指那些系统发生某种故障时,即使不采取其他补偿策略,仍具有较好运行特性的电机。三相电机广泛应用于驱动场合,当出现缺相故障后,电动机空间中的磁场分布将发生严重畸变,导致电机停转,从而威胁系统安全。容错电机采用特殊的拓扑结构及磁路设计,如果增加容错齿和漏感,可使短路电流限制在额定电流左右;如果再采用容错驱动方式,如每相绕组采用独立 H 桥驱动,则三相电机一相短路故障情况仍能保持较好的性能。为了获得更好的容错度,四相、五相,甚至更多相的容错电机受到重视。我们研制的四相容错电机如图 1-41(c)所示。其主要特点是不仅对绕组开路具有容错能力,而且对绕组短路也具有容错能力,不会产生很大的短路电流和电机驱动电流。

(a) 运动合成器   (b) 作动器

(c) 容错电机

图 1-41　两余度作动器和四相容错电机

1.3.6　故障诊断技术

机电作动系统作为现代飞行器等载体运动控制的执行机构,其故障诊断性能的优劣对提高载体的可靠性十分关键,而故障的漏检和虚警则直接关系到载体的运行品质和安全性能。采用合适的故障诊断技术可以及时发现作动系统故障,对提高飞行安全具有重要意义。作动系统主要采用定量诊断方法。

定量故障诊断方法主要包括解析模型法和数据驱动法两大类。数据驱动法是通过分析处理过程数据,完成对系统的故障诊断。数据驱动的故障诊断方法通常不需要对象的精确模型,这是有益的地方。但是,除了外部载荷,可以得到作动系统较精确的模型,不用这些先验信息及作动系统内部机构工作机理会造成故障诊断和解析的困难。因此，基于解析模型的方法在作动系统诊断中更为普遍。

　　基于解析模型的故障诊断方法在国内外有广泛的研究，如参数估计法、状态观测法、等价空间法等。其中，参数估计法的实质是通过对系统进行在线辨识，从测量输出和控制信号的数据中获得当前系统参数，与标称参数进行比较生成残差，根据残差是否超出阈值检测故障。该方法常用于检测定常系统的乘性故障，对于突变或缓变的故障也可检出。该方法的前提是已知对象的模型结构及参数，以及系统的输入输出。对于对象的模型结构未知，以及系统参数时变或存在不确定载荷(并非故障)等情况，参数估计法的应用则存在一定的局限性。状态观测法的实质是，通过系统模型和测量信号对状态变量进行观测，根据观测值与理想值之间的残差检测故障。文献[26]使用迭代无迹卡尔曼滤波对系统进行状态观测并实现故障诊断。等价空间法是根据实际的输入输出对系统进行动态建模，判断与标称模型是否一致来检测故障。等价空间法在低阶向量和高阶向量的选择时，存在检测性能与计算量之间的矛盾。针对上述不足，相关学者针对线性动态系统对残差信号进行稳态小波变换，或对等价空间方法进行改进来降低虚警率，提高检测速度。目前，故障诊断技术已广泛应用于机电作动系统。

参 考 文 献

[1] 陈晓雷. 多电飞机机电作动伺服系统控制策略研究. 西安：西北工业大学, 2016.

[2] Cheng M, Zhou J W, Qian W, et al. Advanced electrical motors and control strategies for high-quality servo systems-A comprehensive review. Chinese Journal of Electrical Engineering, 2024, 10(1): 63-85.

[3] Roberto S, Ignacio P. Optimal tuning of PID controllers with derivative filter for stable processes using three points from the step response. ISA Transactions, 2023, 14(3): 596-610.

[4] Verma B, Padhy P K. Robust fine tuning of optimal PID controller with guaranteed robustness. IEEE Transactions on Industrial Electronics, 2020, 67(6): 4911-4920.

[5] 杨明, 刘铠源, 陈扬洋, 等. 基于 PI-Lead 控制的永磁同步电机双环位置伺服系统. 电工技术学报, 2023, 38(8): 2060-2072.

[6] Gong S P, Xu Z Q, Cheng L, et al. Self-organizing model reference adaptive control for aircraft with enhanced persistent excitation. Aerospace Science and Technology, 2024, 145: 108875.

[7] Wang S B, Na J, Xing Y S. Adaptive optimal parameter estimation and control of servo mechanisms: Theory and experiments. IEEE Transactions on Industrial Electronics, 2020, 68(1): 598-608.

[8] 侯利民, 申鹤松, 阎馨, 等. 永磁同步电机调速系统 H∞鲁棒控制. 电工技术学报, 2019, 34(7): 1478-1487.

[9] Wu Y C, Wang Y M. Sliding mode variable structure vector control of permanent magnet synchronous machine servo system for side scan sonar. Journal of Northwestern Polytechnical University, 2018, 36(2): 276-280.

[10] Lee H S, Back J, Kim C S. Disturbance observer-based robust controller for a multiple-electromagnets actuator. IEEE Transactions on Industrial Electronics, 2024, 71(1): 901-911.

[11] 刘春强, 骆光照, 涂文聪. 航空机电作动永磁同步电机自抗扰控制研究综述. 电气工程学报, 2021, 16(4): 12-24.

[12] 付兴贺, 顾胜东, 熊嘉鑫. 永磁同步电机交直轴电流解耦控制方法综述. 中国电机工程学报, 2024, 44(1): 316-317.

[13] 张建亚, 王凯, 朱姝姝, 等. 双三相永磁同步电机多谐波电流协同控制策略. 中国电机工程学报, 2020, 40(2): 644-652.

[14] 张剑, 温旭辉, 李文善, 等. 基于谐波观测器的永磁同步电机谐波电流抑制策略研究. 中国电机工程学报, 2020, 40(10): 3336-3350.

[15] Xu J, Odavic M, Zhu Z Q, et al. Switching-table-based direct torque control of dual three-phase PMSMS with closed-loop current harmonics compensation. IEEE Transactions on Power Electronics, 2021, 36(9): 10645-10659.

[16] 刘科, 程启明. 基于动态开关表的 TLDMC-PMSM 零共模电压直接转矩控制. 中国电机工程学报, 2024,4: 1-14.

[17] Zhang X, Zhang L, Zhang Y. Model predictive current control for PMSM drives with parameter robustness improvement. IEEE Transactions on Power Electronics, 2019, 34(2): 1645-1657.

[18] Baidya R, Aguilera R P, Acuña P, et al. Enabling multistep model predictive control for transient operation of power converters. IEEE Open Journal of the Industrial Electronics Society, 2020, 1: 284-297.

[19] Chen W, Zhang X H, Gu X, et al. Band-based multi-step predictive torque control strategy for PMSM drives. IEEE Access, 2019, 7: 171411-171422.

[20] Wang Y L, Xie W, Wang X C, et al. Fast response model predictive torque and flux control with low calculation effort for PMSMs. IEEE Transactions on Industrial Informatics, 2019, 15(10): 5531-5540.

[21] Jia C, Wang X, Liang Y, et al. Robust current controller for IPMSM drives based on explicit model predictive control with online disturbance observer. IEEE Access, 2019, 7: 45898-45910.

[22] Waleed A E M A, Mahmoud A M. PSO technique applied to sensorless field-oriented control PMSM drive with discretized RL-fractional integral. Alexandria Engineering Journal, 2021, 60(4): 4029-4040.

[23] Mohammed S A Q, Choi H H, Jung J W. Improved iterative learning direct torque control for torque ripple minimization of surface-mounted permanent magnet synchronous motor drives. IEEE Transactions on Industrial Informatics, 2021, 17(11): 7291-7303.

[24] 鄢霞, 何勇, 张庆铭, 等. 基于 SAC 的永磁同步电机智能控制算法. 组合机床与自动化加工技术, 2023, (9): 86-91.

[25] 王宇, 张成糕, 郝雯娟. 永磁电机及其驱动系统容错技术综述. 中国电机工程学报, 2022, 42(1): 351-372.

[26] Jiang H, Liu G, Li J, et al. Model based fault diagnosis for drillstring washout using iterated unscented Kalman filter. Journal of Petroleum Science and Engineering, 2019, 180: 246-256.

第 2 章 矢量控制基础

2.1 矢量控制基本原理

下面以两相两极电机为例说明矢量控制的基本原理。假设两相永磁电机永磁体产生的磁感应强度(磁通密度)为 B，两相绕组分别为 α 相绕组(简称 α 绕组)和 β 相绕组(简称 β 绕组)，如图 2-1 所示，根据电磁力定律，两相绕组对永磁体即转子产生的电磁转矩分别为

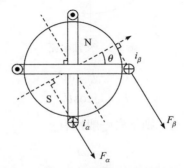

图 2-1 通电导体在磁场中的受力情况

$$T_\alpha = -2Bi_\alpha LR\sin\theta$$
$$T_\beta = 2Bi_\beta LR\cos\theta \tag{2-1}$$

其中，R 为电机气隙半径；L 为电机定子叠长；θ 为磁力线方向与 α 绕组法向量的夹角，以逆时针为正。

转子所受合力矩为

$$T = T_\alpha + T_\beta$$
$$= 2B(-i_\alpha \sin\theta + i_\beta \cos\theta)LR \tag{2-2}$$

由此可知，若 α、β 两相绕组分别通入以下电流，即

$$i_\alpha = -I\sin\theta$$
$$i_\beta = I\cos\theta \tag{2-3}$$

则利用三角恒等关系 $\sin^2\theta + \cos^2\theta = 1$，可得恒定力矩，即

$$T = 2B(I\sin^2\theta + I\cos^2\theta)LR$$
$$= 2BILR \tag{2-4}$$

此时，电机绕组分别通以特定交流电产生恒定的转矩，与一台传统的直流电机相当。等效电流 I 产生的磁场与永磁体产生的磁场方向正交，称为交轴电流(图 2-2)，用 i_q 表示。在图 2-2 中，α 轴和 α 绕组法向一致，β 轴和 β 绕组法向一致，因此式(2-3)可以转化为

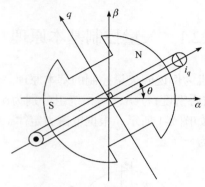

图 2-2　交轴电流

$$i_\alpha = -i_q \sin\theta$$
$$i_\beta = i_q \cos\theta \tag{2-5}$$

若转子以角速度 ω 转动，则不失一般性有

$$\theta = \omega t \tag{2-6}$$

因此

$$\begin{cases} i_\alpha = -i_q \sin\omega t \\ i_\beta = i_q \cos\omega t \end{cases} \tag{2-7}$$

从转子上看，交轴电流 i_q 产生的磁场与永磁体相对静止，同直流电机完全一样，这就是矢量控制的基本原理。由上述分析可知，两个相位互差 $\dfrac{\pi}{2}$，幅值相同的同频脉动磁场产生圆形旋转磁场。该圆形旋转磁场和转子永磁体相互作用，产生恒定转矩。它以转子磁场方向为基准，通过控制定子电流使其产生的磁场与转子磁场相对静止，以产生恒定的电磁转矩，因此也称磁场定向控制。对上述情况，定子磁场和转子磁场两个磁场正交，通常并不需要正交，如弱磁控制。

若要调节磁感应强度 B 的大小，则可在垂直于 q 轴的绕组，即 d 轴方向通以电流 i_d，称为直轴电流(图 2-3)。

为了实现这个虚拟的直轴电流 i_d，在静止的 α、β 两相绕组接通如下电流，即

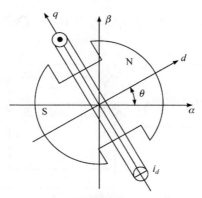

图 2-3　直轴电流

$$i_\alpha = i_d \cos\theta$$
$$i_\beta = i_d \sin\theta \qquad (2\text{-}8)$$

由式(2-5)和式(2-8)可得

$$i_\alpha = -i_q \sin\theta + i_d \cos\theta$$
$$i_\beta = i_q \cos\theta + i_d \sin\theta \qquad (2\text{-}9)$$

写成矩阵形式为

$$\begin{bmatrix} i_\alpha \\ i_\beta \end{bmatrix} = \begin{bmatrix} \cos\theta & -\sin\theta \\ \sin\theta & \cos\theta \end{bmatrix} \begin{bmatrix} i_d \\ i_q \end{bmatrix} \qquad (2\text{-}10)$$

此时，i_α、i_β 产生的直轴电流 i_d、交轴电流 i_q 与转子相对静止，因此可实现与直流电机类似的特性。

定义

$$C_{r2/s2} \overset{\text{def}}{=\!=} \begin{bmatrix} \cos\theta & -\sin\theta \\ \sin\theta & \cos\theta \end{bmatrix} \qquad (2\text{-}11)$$

则

$$\begin{bmatrix} i_\alpha \\ i_\beta \end{bmatrix} = C_{r2/s2} \begin{bmatrix} i_d \\ i_q \end{bmatrix} \qquad (2\text{-}12)$$

定义

$$C_{s2/r2} \overset{\text{def}}{=\!=} C_{r2/s2}^{-1} = \begin{bmatrix} \cos\theta & \sin\theta \\ -\sin\theta & \cos\theta \end{bmatrix} \qquad (2\text{-}13)$$

因此

$$\begin{bmatrix} i_d \\ i_q \end{bmatrix} = C_{s2/r2} \begin{bmatrix} i_\alpha \\ i_\beta \end{bmatrix} \qquad (2\text{-}14)$$

通常，变换(2-12)主要用于控制的前向通道，变换(2-14)主要用于反馈通道，分别如图 2-4 与图 2-5 所示。其中，i_d^*、i_q^* 表示 i_d、i_q 的期望值或指令输入，i_α^*、i_β^* 表示 i_α、i_β 的期望值。

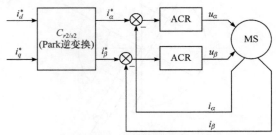

图 2-4　定子侧的矢量控制

在图 2-4 中，通常取直轴电流期望值 $i_d^* = 0$，i_q^* 相当于有刷直流电机期望电枢电流，通过 $C_{r2/s2}$ 变换，即从转子旋转直角坐标系到定子静止直角坐标系转换，可得定子绕组所需的期望电流指令 i_α^* 和 i_β^*。通过电流控制器即可实现矢量控制，即在定子侧实现矢量控制，其优点是原理和实现简单，不足之处是要求控制系统带宽高，电机转速越高、电机极对数越多，所需带宽越高(数倍于电机供电频率)。因为电机是个强耦合、强非线性系统，这种控制方法还存在性能较差、鲁棒性不佳等缺点。

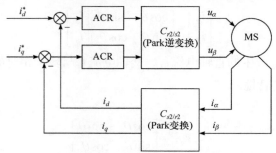

图 2-5　转子侧实现的矢量控制

在图 2-5 中，矢量控制通过对 i_d 和 i_q 闭环控制实现，即在转子旋转坐标系中实现，其鲁棒性好，ACR 的带宽要求很低，通常几百赫兹甚至更低即可，一般不超过 500Hz。其不足是，要用到两次变换，一次是定子侧电流 i_α、i_β 到转子侧电流 i_d、i_q 的变换 $C_{s2/r2}$，另一次是从转子侧到定子侧的 $C_{r2/s2}$ 变换，前者即 $C_{s2/r2}$，称为 Park 变换，$C_{s2/r2}$ 的逆 $C_{r2/s2}$ 称为 Park 逆变换。两相电机结构简单，虽然用途不如三相电机广泛，但是对要求力矩特别平稳的控制场合，有不可替代的作用。原因如式(2-4)所示，可以非常精确、平稳地控制输出转矩。正因如此，国外有些两相永磁电机对我国实行出口管制。图 2-6 所示为清华大学研制的一种两相永磁同步电机定子。

图 2-6　一种两相永磁同步电机定子

2.2　Park 变换

Park 变换(图 2-7)将电机定子两相静止 α-β 坐标系中的变量转换为随转子磁场旋转的转子 d-q 坐标系中的变量。

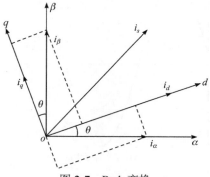

图 2-7　Park 变换

空间电流矢量 i_s 在由 α 与 β 轴决定的定子两相静止坐标系坐标轴上的投影分别为 i_α、i_β。坐标系 d-q 为转子磁场旋转坐标系，d 轴平行于转子磁场，称为直轴，q 轴垂直于转子磁场，称为交轴。

角度 θ 是 d 轴与 α-β 定子两相静止坐标系 α 轴的夹角，逆时针为正。根据三角关系可知，i_α 在 d 轴上的投影分量为 $i_\alpha \cos\theta$，i_α 在 q 轴上的投影分量为 $-i_\alpha \sin\theta$。显然，q 轴与 β 轴的夹角仍为 θ，因此 i_β 在 d 轴上的投影分量为 $i_\beta \sin\theta$，i_β 在 q 轴上的投影分量为 $i_\beta \cos\theta$。综上可得

$$\begin{cases} i_d = i_\alpha \cos\theta + i_\beta \sin\theta \\ i_q = -i_\alpha \sin\theta + i_\beta \cos\theta \end{cases} \tag{2-15}$$

即

$$\begin{bmatrix} i_d \\ i_q \end{bmatrix} = \begin{bmatrix} \cos\theta & \sin\theta \\ -\sin\theta & \cos\theta \end{bmatrix} \begin{bmatrix} i_\alpha \\ i_\beta \end{bmatrix} \tag{2-16}$$

不失一般性，设

$$\begin{cases} i_\alpha = I\cos(\theta + \varphi) \\ i_\beta = I\sin(\theta + \varphi) \end{cases}$$

于是

$$\begin{cases} i_d = I\cos(\theta + \varphi)\cos\theta + I\sin(\theta + \varphi)\sin\theta \\ \quad = I\cos\varphi \\ i_q = -I\cos(\theta + \varphi)\sin\theta + I\sin(\theta + \varphi)\cos\theta \\ \quad = I\sin\varphi \end{cases} \tag{2-17}$$

由上面的假设 $(\theta = \omega t)$，可得不同坐标系下的电流波形，如图 2-8 所示。

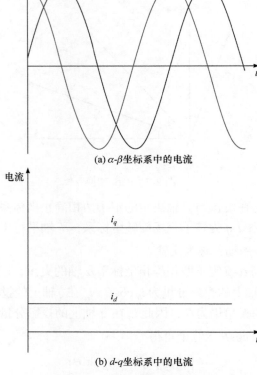

(a) α-β 坐标系中的电流

(b) d-q 坐标系中的电流

图 2-8　不同坐标系下的电流波形

除式(2-12)，Park 逆变换(图 2-9)主要用于电压变换，即将两相旋转坐标系下的电压 u_q、u_d 变换成 α-β 定子两相静止坐标系的电压 u_α、u_β，即

$$\begin{cases} u_\alpha = u_d \cos\theta - u_q \sin\theta \\ u_\beta = u_d \sin\theta + u_q \cos\theta \end{cases} \tag{2-18}$$

其矩阵形式为

$$\begin{bmatrix} u_\alpha \\ u_\beta \end{bmatrix} = \begin{bmatrix} \cos\theta & -\sin\theta \\ \sin\theta & \cos\theta \end{bmatrix} \begin{bmatrix} u_d \\ u_q \end{bmatrix} \tag{2-19}$$

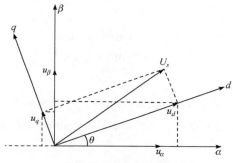

图 2-9　Park 逆变换

Park 变换矩阵及其逆变换矩阵均为正交矩阵，因此变换前后的空间电压矢量与电流矢量的幅值不变，同时变换前后的功率也不变。下面以 Park 变换(图 2-10)为例进行说明。不失一般性，设电流幅值为 I_m，与 α 轴的夹角为 θ_0，电压幅值为 U_m，超前电流相位角为 φ。u_α、u_β 可以表示为

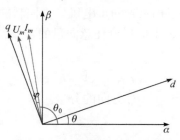

图 2-10　Park 变换功率不变性

$$\begin{cases} u_\alpha = U_m \cos(\theta_0 + \varphi) \\ u_\beta = U_m \sin(\theta_0 + \varphi) \end{cases} \tag{2-20}$$

$$\begin{cases} i_\alpha = I_m \cos\theta_0 \\ i_\beta = I_m \sin\theta_0 \end{cases} \tag{2-21}$$

定子侧功率为

$$\begin{cases} u_\alpha i_\alpha = U_m I_m \cos(\theta_0 + \varphi)\cos\theta_0 \\ u_\beta i_\beta = U_m I_m \sin(\theta_0 + \varphi)\sin\theta_0 \end{cases} \tag{2-22}$$

总功率为

$$\begin{aligned} P_s &= u_\alpha i_\alpha + u_\beta i_\beta \\ &= U_m I_m \cos\varphi \end{aligned} \tag{2-23}$$

由 Park 变换可知

$$\begin{cases} u_d = u_\alpha\cos\theta + u_\beta\sin\theta \\ u_q = -u_\alpha\sin\theta + u_\beta\cos\theta \end{cases} \tag{2-24}$$

及

$$\begin{cases} i_d = i_\alpha\cos\theta + i_\beta\sin\theta \\ i_q = -i_\alpha\sin\theta + i_\beta\cos\theta \end{cases} \tag{2-25}$$

转子侧功率为

$$\begin{cases} u_d i_d = u_\alpha i_\alpha\cos^2\theta + u_\beta i_\alpha\sin\theta\cos\theta + u_\alpha i_\beta\sin\theta\cos\theta + u_\beta i_\beta\sin^2\theta \\ u_q i_q = u_\alpha i_\alpha\sin^2\theta - u_\alpha i_\beta\sin\theta\cos\theta - u_\beta i_\alpha\sin\theta\cos\theta + u_\beta i_\beta\cos^2\theta \end{cases} \tag{2-26}$$

总功率为

$$\begin{aligned} P_r &= u_d i_d + u_q i_q \\ &= u_\alpha i_\alpha + u_\beta i_\beta \\ &= U_m I_m \cos\varphi \end{aligned} \tag{2-27}$$

由式(2-23)和式(2-27)可知，变换前后功率不变。

对图 2-11 所示的电流向量，除用两个正交的 i_α、i_β 合成外，用任意两个不共线向量均可合成，这也是三相永磁同步电机矢量控制的基本原理之一。对任意两个非共线的基向量 i_A、i_B，下面讨论任意向量的合成，用极坐标表示比较简单。任意向量 i_s 可表示为

$$i_s = i_a \cdot \mathrm{e}^{\mathrm{j}0} + i_b \cdot \mathrm{e}^{\mathrm{j}\varphi} \tag{2-28}$$

其中，i_a、i_b 为 i_s 在基向量 i_A、i_B 方向的分量。

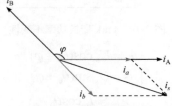

图 2-11　电流向量合成

若 i_A 和 i_B 相差 $\dfrac{2\pi}{3}$，即 $\varphi = \dfrac{2\pi}{3}$，则 i_s 可表示为

$$i_s = i_a \mathrm{e}^{j0} + i_b \mathrm{e}^{j\frac{2\pi}{3}} \tag{2-29}$$

2.3 三相电机矢量控制及 Clarke 变换

三相交流电具有空间对称，便于实现大功率等特点，因此大部分交流电机为三相电机。下面阐述三相永磁同步电机矢量控制原理及实现方法。前面已经介绍了两相电机矢量控制基本原理和方法，这里只需要讨论三相/两相电机的转换或等效即可。

不失一般性，假设 A 相和 α 相方向一致，将三相对称正弦电流 i_a、i_b、i_c 在 α、β 轴投影，可得它们在 α-β 定子两相静止坐标系下的分量(图 2-12)，即

$$\begin{cases} i_\alpha = i_a + i_b \cos\dfrac{2\pi}{3} + i_c \cos\dfrac{4\pi}{3} \\ i_\beta = i_b \sin\dfrac{2\pi}{3} + i_c \sin\dfrac{4\pi}{3} \end{cases} \tag{2-30}$$

写成矩阵形式为

$$\begin{bmatrix} i_\alpha \\ i_\beta \end{bmatrix} = \begin{bmatrix} 1 & -\dfrac{1}{2} & -\dfrac{1}{2} \\ 0 & \dfrac{\sqrt{3}}{2} & -\dfrac{\sqrt{3}}{2} \end{bmatrix} \begin{bmatrix} i_a \\ i_b \\ i_c \end{bmatrix} \tag{2-31}$$

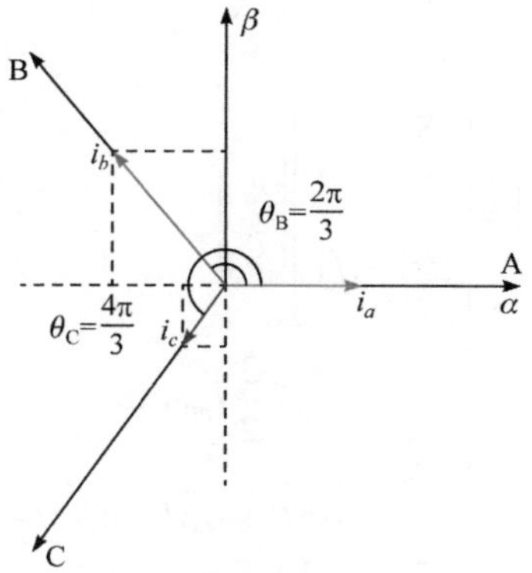

图 2-12 Clarke 变换

式(2-31)称为 Clarke 变换，可以解决三相交流电流到两相交流电流的等效转化问题。在已知 i_a、i_b、i_c 的情况下，可以得到唯一确定的 i_α、i_β，但是在已知 i_α、i_β 的情况下，i_a、i_b、i_c 的解不唯一，存在无穷多解。为保证电机性能，要求零序电流为 0，即

$$i_a + i_b + i_c = 0 \tag{2-32}$$

考虑式(2-31)中，每个行向量的模均为 $\sqrt{3/2}$ ，因此将式(2-32)两边同乘以 $1/\sqrt{2}$ ，可得

$$0 = \frac{1}{\sqrt{2}}i_a + \frac{1}{\sqrt{2}}i_b + \frac{1}{\sqrt{2}}i_c \tag{2-33}$$

联立式(2-31)和式(2-33)，可得

$$\begin{bmatrix} i_\alpha \\ i_\beta \\ 0 \end{bmatrix} = \begin{bmatrix} 1 & -\dfrac{1}{2} & -\dfrac{1}{2} \\ 0 & \dfrac{\sqrt{3}}{2} & -\dfrac{\sqrt{3}}{2} \\ \dfrac{\sqrt{2}}{2} & \dfrac{\sqrt{2}}{2} & \dfrac{\sqrt{2}}{2} \end{bmatrix} \begin{bmatrix} i_a \\ i_b \\ i_c \end{bmatrix} \tag{2-34}$$

根据 $i_a + i_b + i_c = 0$ ，将 $i_c = -i_a - i_b$ 代入式(2-31)，可得

$$\begin{bmatrix} i_\alpha \\ i_\beta \end{bmatrix} = \begin{bmatrix} \dfrac{3}{2} & 0 \\ \dfrac{\sqrt{3}}{2} & \sqrt{3} \end{bmatrix} \begin{bmatrix} i_a \\ i_b \end{bmatrix} \tag{2-35}$$

不失一般性，设

$$\begin{cases} i_a = I_m \sin\theta \\ i_b = I_m \sin\left(\theta - \dfrac{2\pi}{3}\right) \end{cases} \tag{2-36}$$

代入式(2-35)，可得

$$\begin{aligned} \begin{bmatrix} i_\alpha \\ i_\beta \end{bmatrix} &= \begin{bmatrix} \dfrac{3}{2} & 0 \\ \dfrac{\sqrt{3}}{2} & \sqrt{3} \end{bmatrix} \begin{bmatrix} i_a \\ i_b \end{bmatrix} \\ &= \begin{bmatrix} \dfrac{3}{2} I_m \sin\theta \\ \dfrac{\sqrt{3}}{2} I_m \sin\theta + \sqrt{3} I_m \sin\left(\theta - \dfrac{2\pi}{3}\right) \end{bmatrix} \\ &= \begin{bmatrix} \dfrac{3}{2} I_m \sin\theta \\ \dfrac{3}{2} I_m \cos\theta \end{bmatrix} \\ &= \dfrac{3 I_m}{2} \begin{bmatrix} \sin\theta \\ \cos\theta \end{bmatrix} \end{aligned} \tag{2-37}$$

由此可见，经 Clarke 变换，电流幅值变为原来的 $\dfrac{3}{2}$ 倍。

在实施控制时，需要用三相交流电压 u_a、u_b、u_c 等效实现 u_α、u_β，因此涉及由 u_α、u_β 求 u_a、u_b、u_c 的问题。参考图 2-12 可知

$$\begin{cases} u_a = u_\alpha \\ u_b = -\dfrac{1}{2}u_\alpha + \dfrac{\sqrt{3}}{2}u_\beta \\ u_c = -\dfrac{1}{2}u_\alpha - \dfrac{\sqrt{3}}{2}u_\beta \end{cases} \tag{2-38}$$

即

$$\begin{bmatrix} u_a \\ u_b \\ u_c \end{bmatrix} = \begin{bmatrix} 1 & 0 \\ -\dfrac{1}{2} & \dfrac{\sqrt{3}}{2} \\ -\dfrac{1}{2} & -\dfrac{\sqrt{3}}{2} \end{bmatrix} \begin{bmatrix} u_\alpha \\ u_\beta \end{bmatrix} \tag{2-39}$$

式(2-39)为 Clarke 电压逆变换。

不失一般性，设 u_α、u_β 的幅值均为 U_m，相位相差 $\dfrac{\pi}{2}$，可得

$$\begin{cases} u_\alpha = U_m \sin\theta \\ u_\beta = U_m \sin\left(\theta - \dfrac{\pi}{2}\right) \end{cases} \tag{2-40}$$

代入式(2-39)，由 Clarke 逆变换可得

$$\begin{cases} u_a = U_m \sin\theta \\ u_b = U_m \sin\left(\theta - \dfrac{2\pi}{3}\right) \\ u_c = U_m \sin\left(\theta + \dfrac{2\pi}{3}\right) \end{cases} \tag{2-41}$$

由此可见，通过 Clarke 逆变换可以得到期望的空间对称、相位互差 $\dfrac{2\pi}{3}$ 的 A、B、C 三相相电压。A、B、C 相电压幅值和 u_α、u_β(也是相电压)的幅值相同。

考虑变换前后的功率，不失一般性，假设电流和电压相位相同，对于不同的相位可参考上节的内容进行处理，α、β 两相功率为

$$\begin{aligned} P_1 &= \frac{\sqrt{2}}{2}U_{\alpha m}\frac{\sqrt{2}}{2}I_{\alpha m} + \frac{\sqrt{2}}{2}U_{\beta m}\frac{\sqrt{2}}{2}I_{\beta m} \\ &= \frac{3}{2}U_m I_m \end{aligned} \tag{2-42}$$

其中，$U_{\alpha m}$、$U_{\beta m}$为u_α、u_β的幅值，大小为U_m；$I_{\alpha m}$、$I_{\beta m}$为i_α、i_β的幅值，大小为I_m。

A、B、C 三相功率为

$$
\begin{aligned}
P_2 &= \frac{\sqrt{2}}{2}U_{Am}\frac{\sqrt{2}}{2}I_{Am} + \frac{\sqrt{2}}{2}U_{Bm}\frac{\sqrt{2}}{2}I_{Bm} + \frac{\sqrt{2}}{2}U_{Cm}\frac{\sqrt{2}}{2}I_{Cm} \\
&= \frac{3}{2}U_m I_m
\end{aligned}
\tag{2-43}
$$

其中，U_{Am}、U_{Bm}、U_{Cm}为u_A、u_B、u_C的幅值，大小为U_m；I_{Am}、I_{Bm}、I_{Cm}为i_A、i_B、i_C的幅值，大小为I_m。

由此可见，变换前后功率不变。为进一步说明其物理意义，假设有无穷个匝数相同的绕组在圆周上均匀分布，包括相位互差$\frac{2\pi}{3}$并在空间均匀分布的 A、B、C 三相绕组，如图 2-13 所示。当转子永磁体磁力线和某绕组正交时，该绕组通电，电流大小为$\frac{3}{2}I_m$。由前面假设可知，每个绕组的反电势相同，显然反电势幅值大小为U_m。

上述分析及变换物理意义清晰，有利于工程实现，同时可以避免相关变换不唯一、不确定的问题。

三相对称正弦电流的合成如图 2-14 所示，其中$\alpha = \mathrm{e}^{\mathrm{j}\frac{2\pi}{3}}$。式(2-31)称为三相到两相的 Clarke 变换，式(2-39)称为两相到三相的 Clarke 逆变换。

根据上述变换可得三相同步电机的控制结构(具体内容见下节)。

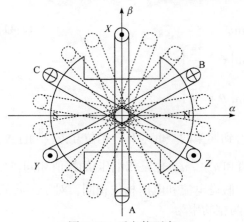

图 2-13　反电势不变

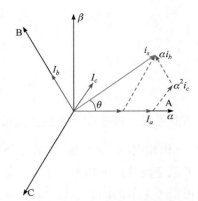

图 2-14　三相对称正弦电流的合成

若$i_a + i_b + i_c \neq 0$，则存在零序电流i_0，定义

$$
i_0 \stackrel{\text{def}}{=\!=} i_a + i_b + i_c
\tag{2-44}
$$

此时，Clarke 变换(2-34)转化为

$$
\begin{bmatrix} i_\alpha \\ i_\beta \\ i_0 \end{bmatrix} = \begin{bmatrix} 1 & -\dfrac{1}{2} & -\dfrac{1}{2} \\ 0 & \dfrac{\sqrt{3}}{2} & -\dfrac{\sqrt{3}}{2} \\ 1 & 1 & 1 \end{bmatrix} \begin{bmatrix} i_a \\ i_b \\ i_c \end{bmatrix}
\tag{2-45}
$$

相应的 Park 变换(2-16)变为

$$
\begin{bmatrix} i_d \\ i_q \\ i_0 \end{bmatrix} = \begin{bmatrix} \cos\theta & \sin\theta & 0 \\ -\sin\theta & \cos\theta & 0 \\ 0 & 0 & 1 \end{bmatrix} \begin{bmatrix} i_\alpha \\ i_\beta \\ i_0 \end{bmatrix}
\tag{2-46}
$$

将 Clarke 变换和 Park 变换组合在一起，称为 Clarke-Park 变换，即

$$
\begin{aligned}
\begin{bmatrix} i_d \\ i_q \\ i_0 \end{bmatrix} &= \begin{bmatrix} \cos\theta & \sin\theta & 0 \\ -\sin\theta & \cos\theta & 0 \\ 0 & 0 & 1 \end{bmatrix} \begin{bmatrix} 1 & -\dfrac{1}{2} & -\dfrac{1}{2} \\ 0 & \dfrac{\sqrt{3}}{2} & -\dfrac{\sqrt{3}}{2} \\ 1 & 1 & 1 \end{bmatrix} \begin{bmatrix} i_a \\ i_b \\ i_c \end{bmatrix} \\[2mm]
&= \begin{bmatrix} \cos\theta & \cos\left(\theta-\dfrac{2\pi}{3}\right) & \cos\left(\theta+\dfrac{2\pi}{3}\right) \\ -\sin\theta & -\sin\left(\theta-\dfrac{2\pi}{3}\right) & -\sin\left(\theta+\dfrac{2\pi}{3}\right) \\ 1 & 1 & 1 \end{bmatrix} \begin{bmatrix} i_a \\ i_b \\ i_c \end{bmatrix}
\end{aligned}
\tag{2-47}
$$

记变换矩阵

$$
C_{abc/dq0} = \begin{bmatrix} \cos\theta & \cos\left(\theta-\dfrac{2\pi}{3}\right) & \cos\left(\theta+\dfrac{2\pi}{3}\right) \\ -\sin\theta & -\sin\left(\theta-\dfrac{2\pi}{3}\right) & -\sin\left(\theta+\dfrac{2\pi}{3}\right) \\ 1 & 1 & 1 \end{bmatrix}
\tag{2-48}
$$

其逆变换为

$$
C_{abc/dq0}^{-1} = \frac{2}{3} \begin{bmatrix} \cos\theta & -\sin\theta & \dfrac{1}{2} \\ \cos\left(\theta-\dfrac{2\pi}{3}\right) & -\sin\left(\theta-\dfrac{2\pi}{3}\right) & \dfrac{1}{2} \\ \cos\left(\theta+\dfrac{2\pi}{3}\right) & -\sin\left(\theta+\dfrac{2\pi}{3}\right) & \dfrac{1}{2} \end{bmatrix}
\tag{2-49}
$$

若在式(2-44)中取比例系数为 $\dfrac{\sqrt{2}}{2}$ ，即

$$i_0 \overset{\text{def}}{=\!=} \frac{\sqrt{2}}{2}(i_a + i_b + i_c) \tag{2-50}$$

则式(2-47)转换为

$$\begin{bmatrix} i_d \\ i_q \\ i_0 \end{bmatrix} = \begin{bmatrix} \cos\theta & \cos\left(\theta - \dfrac{2\pi}{3}\right) & \cos\left(\theta + \dfrac{2\pi}{3}\right) \\ -\sin\theta & -\sin\left(\theta - \dfrac{2\pi}{3}\right) & -\sin\left(\theta + \dfrac{2\pi}{3}\right) \\ \dfrac{\sqrt{2}}{2} & \dfrac{\sqrt{2}}{2} & \dfrac{\sqrt{2}}{2} \end{bmatrix} \begin{bmatrix} i_a \\ i_b \\ i_c \end{bmatrix} \tag{2-51}$$

相应的变换矩阵为

$$C_{abc/dq0} = \begin{bmatrix} \cos\theta & \cos\left(\theta - \dfrac{2\pi}{3}\right) & \cos\left(\theta + \dfrac{2\pi}{3}\right) \\ -\sin\theta & -\sin\left(\theta - \dfrac{2\pi}{3}\right) & -\sin\left(\theta + \dfrac{2\pi}{3}\right) \\ \dfrac{\sqrt{2}}{2} & \dfrac{\sqrt{2}}{2} & \dfrac{\sqrt{2}}{2} \end{bmatrix} \tag{2-52}$$

其逆变换为

$$C_{abc/dq0}^{-1} = \frac{2}{3} \begin{bmatrix} \cos\theta & -\sin\theta & \dfrac{\sqrt{2}}{2} \\ \cos\left(\theta - \dfrac{2\pi}{3}\right) & -\sin\left(\theta - \dfrac{2\pi}{3}\right) & \dfrac{\sqrt{2}}{2} \\ \cos\left(\theta + \dfrac{2\pi}{3}\right) & -\sin\left(\theta + \dfrac{2\pi}{3}\right) & \dfrac{\sqrt{2}}{2} \end{bmatrix} \tag{2-53}$$

2.4 矢量控制器结构

由上述分析可知，矢量控制可以分别控制转矩电流(即交轴电流) i_q 和励磁电流(即直轴电流) i_d ，进而实现电机输出力矩的控制。矢量控制架构如图 2-15 所示。

通常控制 d 轴电流为 0，只对 q 轴电流进行调节可以实现输出转矩控制，这样在相同转矩下，电流可以较小。这也是 $i_d = 0$ 矢量控制方法经常使用的原因。在需要弱磁控制时，可以让 $i_d \neq 0$ ，例如对机电作动系统来说，对应舵面的平衡位置往

往负载较小，而这时要求运动速度较快。在设计之初，合理考虑运用弱磁控制可有效降低系统的重量和体积，对飞行器非常有意义。

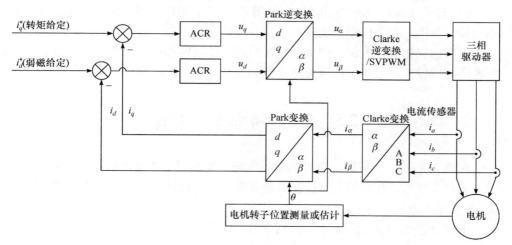

图 2-15　矢量控制架构

直轴电压 u_d 和交轴电压 u_q 两个电压向量相对转子静止，对定子来说是旋转的，因此无法直接加在定子上，需要将 d-q 两相旋转坐标系下的电压经过 Park 逆变换变换到定子静止坐标系，即 α-β 坐标系。对三相电机来说，还需要进行两相到三相的转换，即 Clarke 逆变换，得到定子 A、B、C 三相的电压(包括幅值和相位)，再通过 PWM 功率驱动器驱动电机运转。

矢量控制的基本流程如下。

(1) 检测电机三相电流 i_a、i_b、i_c。

(2) 通过 Clarke 变换，由式(2-31)得到电机定子两相静止直角坐标系，即 α-β 坐标系中的两相电流 i_α、i_β。

(3) 读取转子电角度 θ。

(4) 通过 Park 变换，由式(2-15)或式(2-16)将定子两相静止坐标系中的电流 i_α、i_β 变换到转子 q-d 旋转坐标中的交轴电流 i_q、直轴电流 i_d。

(5) 对交轴电流指令值 i_q^* 和实际值 i_q 求差，并通过电流控制器得到转子旋转坐标系中的交轴控制电压 u_q。

(6) 对直轴电流指令值 i_d^* 和实际值 i_d 求差，并通过电流控制器得到转子旋转坐标系中的直轴控制电压 u_d。

(7) 将转子 q-d 旋转坐标中的 u_d、u_q 通过 Park 逆变换变换到定子两相静止 α-β 坐标系中的控制电压 u_α、u_β。

(8) 用电压 Clarke 逆变换，由式(2-39)将定子两相电压 u_α、u_β 变换为定子三相电压 u_a、u_b、u_c。

(9) 计算 PWM 功率驱动器占空比等参数，并输出 PWM 驱动信号控制功率驱动器，产生三相交流驱动电压。

以上为三相同步电机矢控制的基本过程。在机电作动系统的实际应用中还涉及速度与位置控制，相关内容见第 6 章。

2.5　电机 d-q 轴数学方程

在图 2-15 中，三相同步电机的磁场定向矢量控制是通过控制直轴电流 i_d、交轴电流 i_q 实现的，相应的电流控制器是针对 i_d、i_q 设计的。因此，必须建立转子 d-q 坐标系下电流的方程。

电机 abc 轴和 d-q 轴如图 2-16 所示。

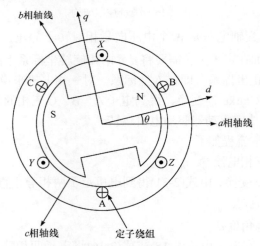

图 2-16　电机 abc 轴和 d-q 轴

在定子 abc 坐标系下，电机电压、电流方程为

$$u_a = Ri_a + L_{AA}\frac{di_a}{dt} + M_{AB}\frac{di_b}{dt} + M_{AC}\frac{di_c}{dt} + C_e\omega\sin\theta$$

$$u_b = Ri_b + M_{BA}\frac{di_a}{dt} + L_{BB}\frac{di_b}{dt} + M_{BC}\frac{di_c}{dt} + C_e\omega\sin\left(\theta - \frac{2\pi}{3}\right) \quad (2\text{-}54)$$

$$u_c = Ri_c + M_{CA}\frac{di_a}{dt} + M_{CB}\frac{di_a}{dt} + L_{CC}\frac{di_c}{dt} + C_e\omega\sin\left(\theta + \frac{2\pi}{3}\right)$$

其中，u_a、u_b、u_c 为 A、B、C 三相相电压；L_{AA}、L_{BB}、L_{CC} 为 A、B、C 三相相电

感；M_{AB}、M_{BA} 为 A、B 相相间互感；M_{AC}、M_{CA} 为 A、C 相相间互感；M_{BC}、M_{CB} 为 B、C 相相间互感；R 为电机定子绕组相电阻；C_e 为电机反电势系数；ω 为电机角速度；θ 为电机转子位置(电角度)。

将式(2-54)写成矩阵形式，可得

$$
\begin{bmatrix} u_a \\ u_b \\ u_c \end{bmatrix} = R\begin{bmatrix} i_a \\ i_b \\ i_c \end{bmatrix} + \begin{bmatrix} L_{AA} & M_{AB} & M_{AC} \\ M_{BA} & L_{BB} & M_{BC} \\ M_{CA} & M_{CB} & L_{CC} \end{bmatrix}\begin{bmatrix} \dfrac{\mathrm{d}i_a}{\mathrm{d}t} \\ \dfrac{\mathrm{d}i_b}{\mathrm{d}t} \\ \dfrac{\mathrm{d}i_c}{\mathrm{d}t} \end{bmatrix} + C_e\omega\begin{bmatrix} \sin\theta \\ \sin\left(\theta-\dfrac{2\pi}{3}\right) \\ \sin\left(\theta+\dfrac{2\pi}{3}\right) \end{bmatrix} \tag{2-55}
$$

由电机学知识可知[1,2]，在线性工作区传统同步电机 A、B、C 三相绕组自感 L_{AA}、L_{BB}、L_{CC} 分别为

$$
\begin{aligned}
L_{AA} &= L_s + L_a + L_b\cos(2\theta) \\
L_{BB} &= L_s + L_a + L_b\cos\left(2\theta+\frac{2\pi}{3}\right) \\
L_{CC} &= L_s + L_a + L_b\cos\left(2\theta-\frac{2\pi}{3}\right)
\end{aligned} \tag{2-56}
$$

其中，L_s 为绕组漏感；L_a 为绕组自感定常部分；L_b 为自感随 θ 角变化部分。

A、B、C 绕组间的互感分别为

$$
\begin{aligned}
M_{AB} &= M_{BA} = -\frac{1}{2}L_a + L_b\cos\left(2\theta-\frac{2\pi}{3}\right) \\
M_{BC} &= M_{CB} = -\frac{1}{2}L_a + L_b\cos(2\theta) \\
M_{CA} &= M_{AC} = -\frac{1}{2}L_a + L_b\cos\left(2\theta+\frac{2\pi}{3}\right)
\end{aligned} \tag{2-57}
$$

因此

$$
\begin{aligned}
L_{abc} &= \begin{bmatrix} L_{AA} & M_{AB} & M_{AC} \\ M_{BA} & L_{BB} & M_{BC} \\ M_{CA} & M_{CB} & L_{CC} \end{bmatrix} \\
&= \begin{bmatrix} L_a+L_b\cos(2\theta)+L_s & -\frac{1}{2}L_a+L_b\cos\left(2\theta-\frac{2\pi}{3}\right) & -\frac{1}{2}L_a+L_b\cos\left(2\theta+\frac{2\pi}{3}\right) \\ -\frac{1}{2}L_a+L_b\cos\left(2\theta-\frac{2\pi}{3}\right) & L_a+L_b\cos\left(2\theta+\frac{2\pi}{3}\right)+L_s & -\frac{1}{2}L_a+L_b\cos(2\theta) \\ -\frac{1}{2}L_a+L_b\cos\left(2\theta+\frac{2\pi}{3}\right) & -\frac{1}{2}L_a+L_b\cos(2\theta) & L_a+L_b\cos\left(2\theta-\frac{2\pi}{3}\right)+L_s \end{bmatrix}
\end{aligned} \tag{2-58}
$$

其特征方程为

$$|\lambda I - L_{abc}| = 0 \tag{2-59}$$

即

$$(\lambda - L_s)\left(4\lambda^2 - 12L_a\lambda - 8L_s\lambda + 9L_a^2 + 12L_aL_s - 9L_b^2 + 4L_s^2\right) = 0 \tag{2-60}$$

可得特征根及特征向量，即

$$\lambda_1 = L_s + \frac{3}{2}(L_a + L_b)$$
$$\lambda_2 = L_s + \frac{3}{2}(L_a - L_b) \tag{2-61}$$
$$\lambda_3 = L_s$$

$$v_1 = \begin{bmatrix} \cos\theta \\ \cos\left(\theta - \dfrac{2\pi}{3}\right) \\ \cos\left(\theta + \dfrac{2\pi}{3}\right) \end{bmatrix}, \quad v_2 = \begin{bmatrix} -\sin\theta \\ -\sin\left(\theta - \dfrac{2\pi}{3}\right) \\ -\sin\left(\theta + \dfrac{2\pi}{3}\right) \end{bmatrix}, \quad v_3 = \begin{bmatrix} \dfrac{1}{2} \\ \dfrac{1}{2} \\ \dfrac{1}{2} \end{bmatrix} \tag{2-62}$$

由上述特征向量可构造变换矩阵，即

$$T = \begin{bmatrix} \cos\theta & -\sin\theta & \dfrac{1}{2} \\ \cos\left(\theta - \dfrac{2\pi}{3}\right) & -\sin\left(\theta - \dfrac{2\pi}{3}\right) & \dfrac{1}{2} \\ \cos\left(\theta + \dfrac{2\pi}{3}\right) & -\sin\left(\theta + \dfrac{2\pi}{3}\right) & \dfrac{1}{2} \end{bmatrix} \tag{2-63}$$

显然

$$T^{-1}L_{abc}T = \begin{bmatrix} L_s + \dfrac{3}{2}(L_a + L_b) & 0 & 0 \\ 0 & L_s + \dfrac{3}{2}(L_a - L_b) & 0 \\ 0 & 0 & L_s \end{bmatrix} \tag{2-64}$$

式(2-64)为降低系统耦合，并将原非线性时变系统转化为线性定常系统奠定了基础。

$$T^{-1} = \frac{2}{3} \begin{bmatrix} \cos\theta & \cos\left(\theta - \frac{2\pi}{3}\right) & \cos\left(\theta + \frac{2\pi}{3}\right) \\ -\sin\theta & -\sin\left(\theta - \frac{2\pi}{3}\right) & -\sin\left(\theta + \frac{2\pi}{3}\right) \\ 1 & 1 & 1 \end{bmatrix} \tag{2-65}$$

显然，由式(2-65)和式(2-48)可知

$$T^{-1} = \frac{2}{3} C_{abc/dq0} \tag{2-66}$$

由变换(2-47)和式(2-48)，可得

$$\begin{bmatrix} i_a \\ i_b \\ i_c \end{bmatrix} = C_{abc/dq0}^{-1} \begin{bmatrix} i_d \\ i_q \\ i_0 \end{bmatrix} \tag{2-67}$$

式(2-67)两边对 t 求导可得

$$\begin{bmatrix} \dfrac{\mathrm{d}i_a}{\mathrm{d}t} \\ \dfrac{\mathrm{d}i_b}{\mathrm{d}t} \\ \dfrac{\mathrm{d}i_c}{\mathrm{d}t} \end{bmatrix} = \frac{\mathrm{d}C_{abc/dq0}^{-1}}{\mathrm{d}t} \begin{bmatrix} i_d \\ i_q \\ i_0 \end{bmatrix} + C_{abc/dq0}^{-1} \begin{bmatrix} \dfrac{\mathrm{d}i_d}{\mathrm{d}t} \\ \dfrac{\mathrm{d}i_q}{\mathrm{d}t} \\ \dfrac{\mathrm{d}i_0}{\mathrm{d}t} \end{bmatrix} \tag{2-68}$$

将式(2-67)和式(2-68)代入式(2-55)可得

$$\begin{bmatrix} u_a \\ u_b \\ u_c \end{bmatrix} = RC_{abc/dq0}^{-1} \begin{bmatrix} i_d \\ i_q \\ i_0 \end{bmatrix} + L_{abc} \left(\frac{\mathrm{d}C_{abc/dq0}^{-1}}{\mathrm{d}t} \begin{bmatrix} i_d \\ i_q \\ i_0 \end{bmatrix} + C_{abc/dq0}^{-1} \begin{bmatrix} \dfrac{\mathrm{d}i_d}{\mathrm{d}t} \\ \dfrac{\mathrm{d}i_q}{\mathrm{d}t} \\ \dfrac{\mathrm{d}i_0}{\mathrm{d}t} \end{bmatrix} \right)$$
$$+ C_e \omega \begin{bmatrix} \sin\theta \\ \sin\left(\theta - \frac{2\pi}{3}\right) \\ \sin\left(\theta + \frac{2\pi}{3}\right) \end{bmatrix} \tag{2-69}$$

式(2-69)两边同时左乘 $C_{abc/dq0}$ 可得

$$C_{abc/dq0} \begin{bmatrix} u_a \\ u_b \\ u_c \end{bmatrix} = C_{abc/dq0} R C_{abc/dq0}^{-1} \begin{bmatrix} i_d \\ i_q \\ i_0 \end{bmatrix}$$

$$+ C_{abc/dq0} L_{abc} \left(\frac{\mathrm{d} C_{abc/dq0}^{-1}}{\mathrm{d}t} \begin{bmatrix} i_d \\ i_q \\ i_0 \end{bmatrix} + C_{abc/dq0}^{-1} \begin{bmatrix} \dfrac{\mathrm{d} i_d}{\mathrm{d}t} \\ \dfrac{\mathrm{d} i_q}{\mathrm{d}t} \\ \dfrac{\mathrm{d} i_0}{\mathrm{d}t} \end{bmatrix} \right) \qquad (2\text{-}70)$$

$$+ C_{abc/dq0} C_e \omega \begin{bmatrix} \sin\theta \\ \sin\left(\theta - \dfrac{2\pi}{3}\right) \\ \sin\left(\theta + \dfrac{2\pi}{3}\right) \end{bmatrix}$$

在式(2-70)中，记

$$L_{dq0} = C_{abc/dq0} L_{abc} \, C_{abc/dq0}^{-1}$$

$$= \begin{bmatrix} L_s + \dfrac{3}{2}(L_a + L_b) & -0 & 0 \\ 0 & L_s + \dfrac{3}{2}(L_a - L_b) & 0 \\ 0 & 0 & L_s \end{bmatrix} \qquad (2\text{-}71\text{a})$$

$$C_{abc/dq0} L_{abc} \frac{\mathrm{d} C_{abc/dq0}^{-1}}{\mathrm{d}t} \begin{bmatrix} i_d \\ i_q \\ i_0 \end{bmatrix}$$

$$= C_{abc/dq0} L_{abc} C_{abc/dq0}^{-1} C_{abc/dq0} \frac{\mathrm{d} C_{abc/dq0}^{-1}}{\mathrm{d}t} \begin{bmatrix} i_d \\ i_q \\ i_0 \end{bmatrix}$$

$$= L_{dq0} C_{abc/dq0} \frac{2}{3} \begin{bmatrix} -\sin\theta & -\cos\theta & 0 \\ -\sin\left(\theta - \dfrac{2\pi}{3}\right) & -\cos\left(\theta - \dfrac{2\pi}{3}\right) & 0 \\ -\sin\left(\theta + \dfrac{2\pi}{3}\right) & -\cos\left(\theta + \dfrac{2\pi}{3}\right) & 0 \end{bmatrix} \frac{\mathrm{d}\theta}{\mathrm{d}t} \begin{bmatrix} i_d \\ i_q \\ i_0 \end{bmatrix}$$

$$= L_{dq0}\omega \begin{bmatrix} 0 & -1 & 0 \\ 1 & 0 & 0 \\ 0 & 0 & 0 \end{bmatrix} \begin{bmatrix} i_d \\ i_q \\ i_0 \end{bmatrix} \tag{2-71b}$$

因此

$$C_{abc/dq0} \begin{bmatrix} u_a \\ u_b \\ u_c \end{bmatrix} = R \begin{bmatrix} i_d \\ i_q \\ i_0 \end{bmatrix}$$

$$+ \begin{bmatrix} L_s + \dfrac{3}{2}(L_a + L_b) & 0 & 0 \\ 0 & L_s + \dfrac{3}{2}(L_a - L_b) & 0 \\ 0 & 0 & L_s \end{bmatrix}$$

$$\times \left(\omega \begin{bmatrix} 0 & -1 & 0 \\ 1 & 0 & 0 \\ 0 & 0 & 0 \end{bmatrix} \begin{bmatrix} i_d \\ i_q \\ i_0 \end{bmatrix} + \begin{bmatrix} \dfrac{\mathrm{d}i_d}{\mathrm{d}t} \\ \dfrac{\mathrm{d}i_q}{\mathrm{d}t} \\ \dfrac{\mathrm{d}i_0}{\mathrm{d}t} \end{bmatrix} \right) \tag{2-72}$$

$$+ C_{abc/dq0} C_e \omega \begin{bmatrix} \sin\theta \\ \sin\left(\theta - \dfrac{2\pi}{3}\right) \\ \sin\left(\theta + \dfrac{2\pi}{3}\right) \end{bmatrix}$$

记

$$\begin{bmatrix} u_d \\ u_q \\ u_0 \end{bmatrix} = C_{abc/dq0} \begin{bmatrix} u_a \\ u_b \\ u_c \end{bmatrix} \tag{2-73}$$

$$L_d = L_s + \dfrac{3}{2}(L_a + L_b)$$

$$L_q = L_s + \dfrac{3}{2}(L_a - L_b) \tag{2-74}$$

$$L_0 = L_s$$

因此

$$\begin{bmatrix} u_d \\ u_q \\ u_0 \end{bmatrix} = R \begin{bmatrix} i_d \\ i_q \\ i_0 \end{bmatrix}$$

$$+ \omega \begin{bmatrix} L_d & 0 & 0 \\ 0 & L_q & 0 \\ 0 & 0 & L_0 \end{bmatrix} \begin{bmatrix} 0 & -1 & 0 \\ 1 & 0 & 0 \\ 0 & 0 & 0 \end{bmatrix} \begin{bmatrix} i_d \\ i_q \\ i_0 \end{bmatrix} + \begin{bmatrix} L_d & 0 & 0 \\ 0 & L_q & 0 \\ 0 & 0 & L_0 \end{bmatrix} \begin{bmatrix} \dfrac{di_d}{dt} \\ \dfrac{di_q}{dt} \\ \dfrac{di_0}{dt} \end{bmatrix} \quad (2\text{-}75)$$

$$+ C_{abc/dq0} C_e \omega \begin{bmatrix} \sin\theta \\ \sin\left(\theta - \dfrac{2\pi}{3}\right) \\ \sin\left(\theta + \dfrac{2\pi}{3}\right) \end{bmatrix}$$

即

$$\begin{bmatrix} u_d \\ u_q \\ u_0 \end{bmatrix} = R \begin{bmatrix} i_d \\ i_q \\ i_0 \end{bmatrix} + \begin{bmatrix} -\omega L_d i_q \\ \omega L_q i_d \\ 0 \end{bmatrix} + \begin{bmatrix} L_d \dfrac{di_d}{dt} \\ L_q \dfrac{di_q}{dt} \\ L_0 \dfrac{di_0}{dt} \end{bmatrix} + \begin{bmatrix} 0 \\ -\dfrac{3}{2} C_e \omega \\ 0 \end{bmatrix} \quad (2\text{-}76)$$

或

$$\begin{cases} u_d = R i_d - \omega L_d i_q + L_d \dfrac{di_d}{dt} \\ u_q = R i_q + \omega L_q i_d + L_q \dfrac{di_q}{dt} - \dfrac{3}{2} C_e \omega \end{cases} \quad (2\text{-}77)$$

对应式(2-50)即零序电流比例系数为 $\dfrac{\sqrt{2}}{2}$ 的情形，此时 $C_{abc/dq0}$ 取式(2-52)，其逆为式(2-53)。在式(2-62)中第三个特征向量应取

$$v_3 = \begin{bmatrix} \dfrac{\sqrt{2}}{2} \\ \dfrac{\sqrt{2}}{2} \\ \dfrac{\sqrt{2}}{2} \end{bmatrix} \quad (2\text{-}78)$$

相应地

$$
T = \begin{bmatrix}
\cos\theta & -\sin\theta & \dfrac{\sqrt{2}}{2} \\[2mm]
\cos\left(\theta - \dfrac{2\pi}{3}\right) & -\sin\left(\theta - \dfrac{2\pi}{3}\right) & \dfrac{\sqrt{2}}{2} \\[2mm]
\cos\left(\theta + \dfrac{2\pi}{3}\right) & -\sin\left(\theta + \dfrac{2\pi}{3}\right) & \dfrac{\sqrt{2}}{2}
\end{bmatrix} \tag{2-79}
$$

其逆变换为

$$
T^{-1} = \dfrac{2}{3} \begin{bmatrix}
\cos\theta & \cos\left(\theta - \dfrac{2\pi}{3}\right) & \cos\left(\theta + \dfrac{2\pi}{3}\right) \\[2mm]
-\sin\theta & -\sin\left(\theta - \dfrac{2\pi}{3}\right) & -\sin\left(\theta + \dfrac{2\pi}{3}\right) \\[2mm]
\dfrac{\sqrt{2}}{2} & \dfrac{\sqrt{2}}{2} & \dfrac{\sqrt{2}}{2}
\end{bmatrix} \tag{2-80}
$$

式(2-52)和式(2-80)仍满足式(2-66)，因此不论 i_0 的比例系数取 1(对应式(2-44))，还是取 $\dfrac{\sqrt{2}}{2}$ (对应式(2-50))，均可得到式(2-77)，对于 i_0 的比例系数取其他非零数值的情形，也均可得到式(2-77)。对其他 d-q 坐标系选取情形，如文献[3]，同样可以得到类似式(2-77)的方程，仅符号略有差异。

由式(2-77)可知，在理想情况下，经过上述变换，三相同步电机原非线性电压电流方程(2-55)转化为由直轴电压及电流、交轴电压及电流所表示的线性定常方程，因此被控对象由非线性非定常系统转化为线性定常系统，给控制律设计及分析带来便利。电机的运行控制可等效为一个辅助励磁的直流电机的控制。交轴电流回路和传统有刷直流电机的电枢回路相当，其中交轴电流相当于电枢电流，交轴电感相当于电枢电感；其转矩主要通过控制交轴电流实现。通过控制直轴电流相当于励磁电流可对电机进行弱磁控制(由于磁路饱和的原因，一般不进行增磁控制)。

与上述有刷直流电机不同，交流同步电机中的 i_q 和 i_d 虽然有严格的物理意义，但是两个虚拟的电流变量不能直接测量。在上述有刷直流电机中，电枢电流、辅助励磁电流不仅可直接测量，而且电枢回路和辅助励磁回路是独立的。当然，在辅助励磁的有刷直流电机中，虽然两个回路在电路上是相互独立的，但是由于电磁耦合的存在，两个回路之间仍存在耦合。

当 $i_d = 0$ 时，定子电流矢量在直轴上的分量为 0，全部电流用于转矩控制。转子磁场空间矢量与定子磁动势空间矢量正交，电磁力矩和交轴电流成近似线性函数关系，反电动势和 i_q 方向一致，电机电压矢量利用率达到最大，而且控制转矩

只需要控制 i_q 的大小。除 $i_d = 0$ 矢量控制方法，常用的矢量控制算法还有最大转矩法、恒功率因数控制法，而 $i_d = 0$ 矢量控制法的应用较为常见。

虽然通过坐标变换，原非线性系统转化为线性定常系统(2-77)，但从式(2-77)可以看出，交轴电流和直轴电流回路存在电磁耦合关系，在设计两个回路控制器时必须考虑相互间的耦合。一种简单且行之有效的设计方法是独立设计两个回路带宽，例如将 i_q 回路带宽设计成 i_d 回路的 5～10 倍。这样不仅可以有效减小两个回路间的耦合，还可以显著降低电机电流谐波，减小发热。

在工程上，将 i_q 带宽设计成 i_d 带宽的 5～10 倍并不困难，i_d 一般取几十赫兹甚至更低即可。此时，i_q 的期望带宽并不算高。

在设计控制器时，除带宽，还应重点考虑反电势的影响及控制系统静差。若不考虑反电势的影响，不仅控制精度低，更严重的问题是电机转速上不去，对作动系统来说会严重影响系统带宽，具体分析见 6.3 节相关内容。

2.6　电机电感与测量

由式(2-77)可知，要实现对 i_d 和 i_q 的有效控制，L_d 和 L_q 等参数不可或缺，但是这些参数在电机产品手册中往往并未提供，因此需要进行实际测量。下面介绍两种测量方式，即两相线接线法和三相线接线法。

2.6.1　两相接线法测量直交轴电感

两相连接测量直交轴电感法如图 2-17 所示。

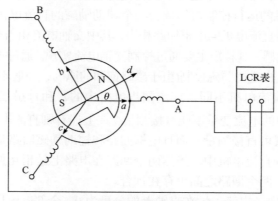

图 2-17　两相连接测量直交轴电感法

假设 AB 相绕组流过电流 I，则可以列出磁链方程，即

$$\begin{bmatrix} \psi_a \\ \psi_b \\ \psi_c \end{bmatrix} = \begin{bmatrix} L_{AA} & M_{AB} & M_{AC} \\ M_{BA} & L_{BB} & M_{BC} \\ M_{CA} & M_{CB} & L_{CC} \end{bmatrix} \cdot \begin{bmatrix} I \\ -I \\ 0 \end{bmatrix} + \begin{bmatrix} \psi_{aM} \\ \psi_{bM} \\ \psi_{cM} \end{bmatrix} \tag{2-81}$$

计算可得到 AB 相绕组磁链, 即

$$\begin{aligned} \psi_{ab} &= \psi_a - \psi_b \\ &= L_{AA}I - M_{AB}I + L_{BB}I - M_{AB}I + \psi_{aM} - \psi_{bM} \\ &= \left(L_{AA} + L_{BB} - 2M_{AB} \right)I + \psi_{aM} - \psi_{bM} \end{aligned} \tag{2-82}$$

可知 AB 两个出线端电感为 $L_{AB} = L_{AA} + L_{BB} - 2M_{AB}$, 将相绕组自感和互感代入式(2-82), 化简 L_{AB} 可得

$$L_{AB} = 2L_s + 3L_a + 3L_b \cos\left(2\theta + \frac{\pi}{3} \right) \tag{2-83}$$

由此可知, 线电感是转子位置的函数。观察式(2-83)可以发现, 其形式与式(2-74)的交、直轴电感形式相似。取线电感的最大值和最小值为

$$\begin{aligned} L_{AB_{max}} &= 2L_s + 3L_a + 3L_b \\ L_{AB_{min}} &= 2L_s + 3L_a - 3L_b \end{aligned} \tag{2-84}$$

结合式(2-74)可知

$$\begin{aligned} L_d &= \frac{L_{AB_{max}}}{2} \\ L_q &= \frac{L_{AB_{min}}}{2} \end{aligned} \tag{2-85}$$

因此, 通过测量两相之间的线电感就可以获得直、交轴电感。具体实施时, 可以按图 2-17, 给电机的两相端子施加与电机额定转速对应频率或相近频率的交流电(通常 LCR 表可以设定)。由于此时电流很小, 绕组电压降主要是感抗压降, 电阻压降可以忽略不计。缓慢转动电机转子测量不同位置下的线电感, 找出最大值和最小值, 进而由式(2-85)可确定直、交轴电感。

2.6.2　三相接线法测量直交轴电感

三相连接测量直交轴电感法如图 2-18 所示。在图 2-18 中, 由文献[4]可知, 端电压为

$$u = \left(\frac{9}{4}L_A + \frac{9}{4}L_B \cos(2\theta) \right) \frac{\mathrm{d}i}{\mathrm{d}t} \tag{2-86}$$

直交轴电感为

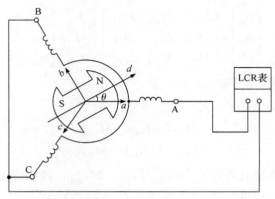

图 2-18　三相连接测量直交轴电感法

$$L_d = \max\left(\frac{2}{3}L_{\text{motor}}\right)$$

$$L_q = \min\left(\frac{2}{3}L_{\text{motor}}\right)$$

(2-87)

其中，L_{motor} 为 LCR 表实测得到的电感。

　　用上述两种方法测量时，由于 LCR 设备的电流幅值较小，无法测量磁路饱和的影响，而电机实际工作时，磁路往往会进入饱和，这时测量值和系统实际之间会存在一定误差，因此设计控制律时应考虑相应的影响。此外，对不同的同步电机转子形式，L_d 和 L_q 的相对大小不同，在式(2-85)和式(2-87)中是 L_d 还是 L_q 取最大值或最小值应根据电机转子的具体形式来确定，对凸极电机 L_d 取大值、L_q 取小值，对逆凸极电机 L_d 取小值、L_q 取大值。对圆筒型电机，如理想的表贴式永磁转子电机两者相等，但是实际的表贴式永磁转子电机 L_d 略小于 L_q。

2.7　电机电角度

　　在电机矢量控制，特别是 Park 变换、Clarke 变换中，用到一个重要概念即电角度，下面简要说明。由图 2-19 可知，当电机转子转动一圈时，转子机械角度变化 2π，两极电机绕组反电势相位同样变化 2π；四极电机虽然转子机械角度变化仍为 2π，但是绕组反电势相位却变化 4π；六极电机则变化 6π。反电势相位反映的是一种电气相位，称为电角度，用 θ_e 表示。而上述转子位置角则称转子机械角度或机械角，两者之间的关系是

$$\theta_e = n_p\theta$$

其中，n_p 为电机极对数。

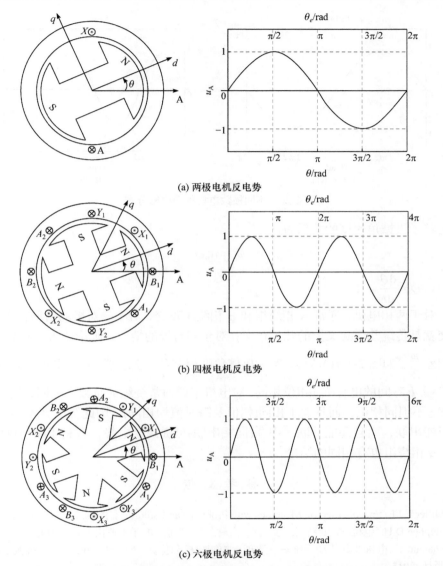

(a) 两极电机反电势

(b) 四极电机反电势

(c) 六极电机反电势

图 2-19　转子转动一圈不同极数电机反电势周期数不同(假设磁密正弦分布、转子匀速转动)

　　对电角度的另一种直观解释是，在电机气隙周向，只要在空间上覆盖相邻完整的一个 N 极和一个 S 极，就对应一个完整的电周期，即对应 2π 电角度。若电机气隙磁密呈正弦分布，则不同极数电机气隙磁密分布如图 2-20 所示。

　　称 θ_e 对时间 t 的导数为电角速度，即

$$\omega_e = \frac{\mathrm{d}\theta_e}{\mathrm{d}t}$$

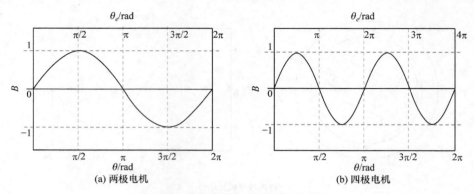

图 2-20　不同极数电机气隙磁密分布

其与转子机械角速度的关系为

$$\omega_e = n_p \omega$$

其中，$\omega = \dfrac{\mathrm{d}\theta}{\mathrm{d}t}$。

　　对于两相电机，通常 A 相绕组和 B 相绕组正交，对于一对极的情形，这时的正交就是传统几何意义上的几何正交；对于多对极的情形，则指 A 相、B 相电角度相差 $\dfrac{\pi}{2}$，如图 2-19(b)情形，实际机械角度相差 $\dfrac{\pi}{4}$。绕组端 A_1X_1 间的电势 E_{A1} 和绕组端 A_2X_2 间的电势 E_{A2} 相位相同，对电机来说通常绕组的匝数也相同，于是 E_{A1} 和 E_{A2} 不但同相位，而且大小相同(幅值及瞬时值均相同)，因此绕组 A_1X_1 和 A_2X_2 不但能串联，而且还能并联。串联(同相串联)可提高反电势，有利于减小供电电流。B 相绕组也有相同的结论。

参 考 文 献

[1] Miller T J E. Speed's Electric Machines with Problems and Solutions. Pairs: Magna, 2006.

[2] Stephen D U. 电机学. 刘新正, 苏少平, 高琳, 译. 北京: 电子工业出版社, 2014.

[3] Shaahin F. 电机及其传动系统——原理、控制建模和仿真. 杨立永, 译. 北京: 机械工业出版社, 2015.

[4] Krishnan R. Permanent Magnet Synchronous and Brushless DC Motor Drives. New York: CRC Press, 2010.

第 3 章　机电作动系统线性控制技术

3.1　引　　言

　　机电作动系统是典型的单输入单输出(single input single output，SISO)系统，经典控制理论中的很多方法都可以应用于其控制系统设计。通常，设计者较多采用基于频域分析的线性控制设计方法，其中利用 Bode 图可以直观理解系统开环增益的变化如何引起控制系统截止频率、幅值裕度、相位裕度的变化，物理意义清晰，有利于工程应用与实现。因此，本章介绍经典线性控制系统设计方法及其在机电作动系统中的应用。

　　实际上，当前机电作动系统已广泛采用数字控制技术。经典的连续系统控制设计方法在应用时还需考虑系统离散化引入的一系列问题，尤其对采样步长相对较大的场景。以基于 Bode 图分析的设计方法为例，会涉及如下问题。

　　(1) 直接针对连续系统 Bode 图分析得到的控制器是连续的，需要将控制器离散化。离散化方法可选择双线性变换法或零极点匹配法。相对而言，双线性变换法实现精度高、变换过程简单，得到广泛应用。

　　(2) 对于控制频率较低的系统，利用 Bode 图设计控制器后再离散化的方法会引起系统性能降低。因此，可以采用 w 变换方法[1]，即先用零阶保持器法将被控对象离散化，相当于在系统中附加了控制时延；然后，用双线性变换法把它变换成连续系统，再利用连续系统控制设计方法设计控制器；最后，利用双线性变换法或零极点匹配法对控制器进行离散化。

　　另外，基于传递函数模型的极点配置设计方法也是比较适合工程应用的方法，其物理意义清晰。大体而言，基于传递函数模型的极点配置法设计步骤分为两步，第一步是用零阶保持器法将被控对象离散化，第二步是利用丢番图方程(Diophantine equation)设计控制器。关于上述数字控制系统设计的具体理论与方法，读者可参考文献[1]。

　　对于上述离散控制设计问题，无论采用哪种控制设计方法，要实现最终的控制目标都要以经典线性控制设计方法为基础。因此，本章围绕机电作动系统线性控制技术展开。

3.2　经典线性控制系统设计方法

3.2.1　设计方法简介

在工程实际中常常给定被控对象,要求设计的控制器与被控对象组成的控制系统满足静态和动态性能指标。一般情况下,设计者基于经典控制理论的频域分析法,采用"先内后外"的策略,设计多回路控制系统。控制器的设计遵循如下原则。

(1) 设计内回路时,关注低频段和中频段的幅频特性和相频特性,使校正后的被控对象更适合外回路设计。一般要求内回路稳定,具有足够的稳定裕度,并且静差小,这样设计的内回路可抑制被控对象不确定性和外部干扰对系统性能的影响。

(2) 设计外回路时,通过增加串联校正对内回路某些特定频段的系统增益和相位进行校正,使整个系统的幅频特性和相频特性与期望的系统特性一致,以满足对截止频率、幅值裕度和相位裕度的指标要求。

(3) 内回路在相位裕度允许的情况下应尽量设计较大的开环增益,在控制回路抗不确定性和外部干扰方面将起主要作用。

(4) 外回路带宽显著低于内回路带宽,所以在分析内回路时可不考虑外回路的影响。在设计外回路时,针对内回路在中低频段的频率特性确定合适的校正网络,根据带宽等设计要求计算确定校正网络的参数。

频域设计方法是利用开环系统的频域特性和闭环系统的时域特性之间存在的关系对控制系统进行设计。这种关系指开环系统低频段频率特性表征闭环系统的稳态特性;中频段频率特性表征闭环系统的稳定性及动态品质;高频段频率特性表征闭环系统对噪声的衰减特性,即抑制能力。

3.2.2　校正网络

根据被控对象的频率特性,通过调整校正网络的结构及参数,可以使整个开环系统的频率特性满足设计要求。因此,校正网络主要是对开环系统的截止频率、幅值裕度和相位裕度进行设计。

在低频段,回路的增益足够大时可以确保较好的稳态精度;在中频段,其对数幅频曲线的斜率一般设计为-20dB/dec,并保持一定的宽度,这样可以保证闭环系统具有较好的相位裕度和动态特性;在高频段,一般将对数幅频曲线的斜率设计为低于-20dB/dec,以此抑制噪声对系统的影响[2,3]。

按控制回路的接入部位和连接形式,校正网络通常分为串联校正、并联校正(局部反馈校正)、前馈校正等类型。其中,串联校正和并联校正属于反馈校正;反馈校正和前馈校正相结合的控制方式称为复合控制。对于高性能机电作动系统,若不采用复合控制,往往难以达到很高的动态特性及跟踪精度要求。含校正网络的控制系统框图如图 3-1 所示。

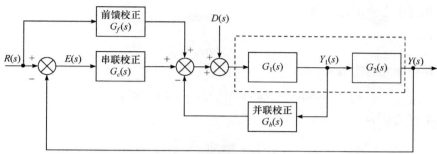

图 3-1　控制系统框图

3.3　串　联　校　正

在校正网络中，串联校正应用最为广泛。常用的串联校正按相位特性可以分为相位超前校正、相位滞后校正、相位超前-滞后校正。在实际应用中，超前校正用的是其相位超前特性，滞后校正用的则是其幅值衰减特性。

3.3.1　相位超前校正

相位超前校正网络的传递函数为

$$G_{\text{lead}}(s) = \frac{1+\alpha Ts}{1+Ts}, \quad \alpha > 1 \tag{3-1}$$

超前校正的对数频率特性如图 3-2 所示。其产生的相位超前角与参数 α 有关，相频特性函数为

$$\theta(\omega) = \arctan(\alpha \omega T) - \arctan(\omega T) \tag{3-2}$$

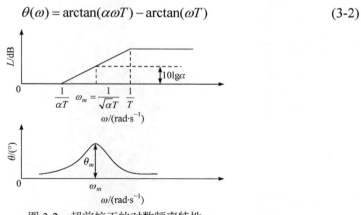

图 3-2　超前校正的对数频率特性

由于超前校正对数幅频特性的斜率在 $\omega \in \left[\dfrac{1}{\alpha T}, \dfrac{1}{T}\right]$ 为 20dB/dec，在其他区间

为 0；相频特性曲线关于该区间的几何中心频率左右对称，因此最大相移点必位于该几何中心频率处，即

$$\omega_m = \frac{1}{\sqrt{\alpha}T} \tag{3-3}$$

相角最大超前量为

$$\theta_m = \arctan\sqrt{\alpha} - \arctan\left(1/\sqrt{\alpha}\right) = 2\arctan\sqrt{\alpha} - 90° \tag{3-4}$$

式(3-4)可变换为

$$\theta_m = \arcsin\frac{\alpha-1}{\alpha+1} \tag{3-5}$$

因此

$$\alpha = \frac{1+\sin\theta_m}{1-\sin\theta_m} \tag{3-6}$$

式(3-6)常用于根据要求的相角最大超前量 θ_m，求出超前校正参数 α。

由此可见，超前校正的主要作用是产生相位超前，通常用于补偿被控对象在截止频率处的相位，增大相位稳定裕度，改善闭环回路动态特性。下面以某机电作动系统为例，说明相位超前校正的作用与具体设计过程。

如图 3-3 所示，作动系统驱动电机等效参数为 $R=1.54\Omega$、$L=1.025\times10^{-4}\mathrm{H}$、$C_m=5.29\times10^{-3}\mathrm{N\cdot m/A}$、$C_e=5.26\times10^{-3}\mathrm{V/(rad\cdot s^{-1})}$，系统惯量 $J=7.25\times10^{-8}\mathrm{kg\cdot m^2}$，减速比 $i=1000$，期望性能指标为带宽 30Hz、单位斜坡跟踪稳态误差小于 10mrad。

图 3-3　某拦截器小型作动系统

控制系统采用串联校正，控制原理如图 3-4 所示。其中，K_p 为待设计控

制器增益。

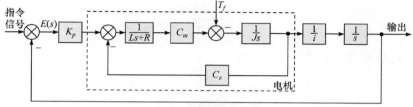

图 3-4　控制原理图

根据图 3-4 可以写出系统开环传递函数表达式，即

$$G(s) = K_p \cdot \frac{\dfrac{1}{iC_e}}{\dfrac{JL}{C_eC_m}s^3 + \dfrac{JR}{C_eC_m}s^2 + s} \tag{3-7}$$

将系统实际参数代入式(3-7)，可得系统开环传递函数，即

$$G(s) = \frac{0.19K_p}{2.67 \times 10^{-7} s^3 + 4 \times 10^{-3} s^2 + s} \tag{3-8}$$

由于式(3-8)中分母三次项系数非常小，可忽略不计，将系统简化为二阶系统，即

$$G(s) = \frac{0.19K_p}{4 \times 10^{-3} s^2 + s} \tag{3-9}$$

首先，根据稳态误差的要求确定增益系数 K_p。由终值定理，输入为 $R(s)$ 时的稳态误差为

$$\lim_{s \to 0} sE(s) = \lim_{s \to 0} s\frac{R(s)}{1+G(s)} \tag{3-10}$$

当输入为单位斜坡指令时，代入系统参数和设计要求可得

$$\lim_{s \to 0} s\frac{1/s^2}{1 + \dfrac{0.19K_p}{4 \times 10^{-3} s^2 + s}} = 0.01 \tag{3-11}$$

由此，当单位斜坡稳态跟踪误差为 10mrad 时，计算得出的控制参数 $K_p = 526$。

除了上述方法，另外一种思路是根据系统受到负载作用后的稳态误差要求设计 K_p。根据负载到输出误差的传递函数，即

$$\begin{aligned} \frac{E(s)}{T_f(s)} &= \frac{Ls+R}{LJis^3 + RJis^2 + C_mC_eis + C_mK_p} \\ &\approx \frac{R}{RJis^2 + C_mC_eis + C_mK_p} \end{aligned} \tag{3-12}$$

在最大负载 $T_{f\max}$ 作用下的稳态误差为

$$e_{\max} = \frac{R}{C_m K_p} T_{f\max} \tag{3-13}$$

因此，K_p 应根据 $e_{\max}$ 进行设计，即

$$K_p = \frac{R}{C_m e_{\max}} T_{f\max} \tag{3-14}$$

根据上述设计要求得到的 $K_p = 526$，当最大负载为 8N·m 时，根据减速比可以计算得到作用在电机端的 $T_{f\max} = 8\text{mN·m}$，此时稳态误差为 $e_{\max} = 4.4\text{mrad}$。必要时，可综合考虑上述两种设计指标需求对 K_p 进行调整。

在确定 K_p 后，可以画出开环系统 Bode 图，如图 3-5 所示。

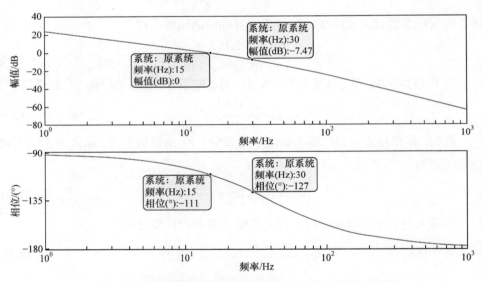

图 3-5　根据系统稳态性能要求确定的开环系统 Bode 图

由图 3-5 可以看出，系统的截止频率为 15Hz，低于期望的系统带宽。一种简单的处理方法是增大 K_p，使校正后系统的截止频率为 30Hz。30Hz 时系统的增益为 -7.44dB，即

$$20\lg A(\omega_c) = -7.44\text{dB} \tag{3-15}$$

由此可得 $A(\omega_c) = 0.4246$，由于希望此时的系统增益为 1，因此需要将 K_p 增大 $K_1 = 1/0.4246 = 2.355$ 倍。此时，开环系统 Bode 图如图 3-6 所示。系统截止频率为 30Hz，相位裕度为 53°，基本满足相位裕度大于 45°的要求。一般情况下，可以不用再设计超前控制器。

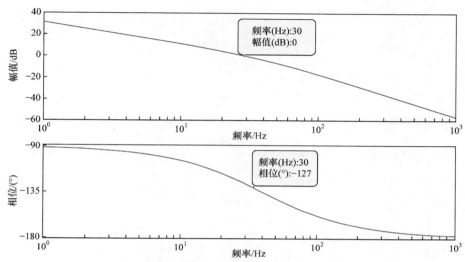

图 3-6 根据带宽要求调整 K_p 后的开环系统 Bode 图

若系统需要更大的相位裕度，则需要根据相位裕度的要求进一步设计相位超前校正控制器。根据式(3-6)，若要将截止频率 ω_c 处的相角裕度增加 $10°$，则超前校正参数 α 需设计为

$$\alpha = \frac{1+\sin 10°}{1-\sin 10°} = 1.42 \tag{3-16}$$

一般将最大相位超前角 θ_m 设计在截止频率 ω_c 处，即超前校正网络两个转折频率的几何中心 $\omega_m = \omega_c$，可得

$$T = \frac{1}{\omega_c \sqrt{\alpha}} = \frac{1}{2\pi \times 30 \times \sqrt{1.42}} = 0.0045 \tag{3-17}$$

将 α、T 代入式(3-1)，得到的相位超前控制器的传递函数为

$$G_{\text{lead}}(s) = \frac{1+0.0064s}{1+0.0045s} \tag{3-18}$$

加入超前校正前、后的开环系统 Bode 图如图 3-7 所示。可以看出，加入超前校正后，30Hz 处系统的相角滞后为 $117°$，但是由于截止频率也增大了，实际截止频率处的相角增加略小于 $10°$。如果要求系统的截止频率严格为 30Hz，则需要进一步调整系统增益，使校正后 30Hz 处的增益为 0dB。通过 Bode 图的分析与计算可知，需将 K_p 调整为原先的 $K_2 = 1/A(\omega_c) = 1/1.1912 = 0.84$ 倍，最终得到完整的控制器传递函数为

$$\begin{aligned} G_{\text{ctrl}}(s) &= 526 \cdot 2.355 \cdot 0.84 \cdot \frac{1+0.0064s}{1+0.0045s} \\ &= \frac{1040.5(1+0.0064s)}{1+0.0045s} \end{aligned} \tag{3-19}$$

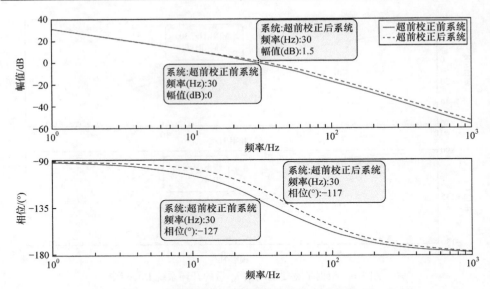

图 3-7　加入超前校正前、后的开环系统 Bode 图

校正后系统的稳态误差、带宽、相位裕度均满足指标要求。

总结超前校正控制器的设计步骤如下。

(1) 根据稳态误差要求及带宽要求，确定比例增益系数 K_p，画出系统 Bode 图。

(2) 根据设计指标要求的相位稳定裕度，确定在截止频率 ω_c 点是否需要提供相位超前，如不需要则无须引入超前校正；反之，算出需要提供的相位超前量，并计算超前校正参数 α。

(3) 令 $\omega_m = \omega_c$，由式(3-3)确定 T，根据 α 和 T 得到超前校正控制器传递函数。

(4) 画出加入超前校正后的系统 Bode 图，校核截止频率与相位裕度，必要时根据实际设计要求进一步调整系统增益或超前校正参数。

3.3.2　相位滞后校正

相位滞后校正网络的传递函数为

$$G_{\text{lag}}(s) = \frac{1 + Ts}{1 + \beta Ts}, \quad \beta > 1 \tag{3-20}$$

滞后校正的对数频率特性如图 3-8 所示。滞后校正的主要目的是利用滞后校正网络来调节中高频段幅值衰减特性，降低中频段的开环增益，提高系统稳定裕度。串联相位滞后校正可以实现系统低频段的高开环增益，兼顾系统稳定性和稳态性能。需要注意，滞后校正会产生一定的相位滞后角。

　　下面以图 3-9 所示的冲压发动机气体调节器作动系统为例，说明相位滞后校正的作用与具体设计方法。

　　该系统驱动电机等效参数为 $R = 0.495\Omega$ 、$L = 0.39 \times 10^{-3} \mathrm{H}$ 、$C_m = 16.9 \times 10^{-3} \mathrm{N \cdot m / A}$ 、$C_e = 0.0169 \mathrm{V / (rad \cdot s^{-1})}$ ，系统惯量 $J = 2.05 \times 10^{-7} \mathrm{kg \cdot m^2}$ ，减速比 $i = 3400$ ，期望的性能指标是带宽 3Hz，在负载 $110 \mathrm{N \cdot m}$ 作用下稳态误差小于 1mrad。

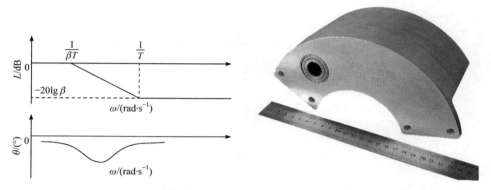

图 3-8　滞后校正的对数频率特性　　　　　图 3-9　冲压发动机气体调节器

　　该作动系统也采用串联校正，如图 3-4 所示，其中 K_p 为待设计控制器比例增益系数。根据系统开环传递函数式(3-7)，代入该作动器参数并忽略分母三次项，可得系统传递函数，即

$$G(s) = \frac{0.0174 K_p}{0.00354 s^2 + s} \qquad (3-21)$$

　　令系统传动效率为 0.8，根据减速比，取 $T_{f\max} = 0.057 \mathrm{N \cdot m}$ ，根据稳态误差要求，比例增益系数 K_p 设计为

$$K_p = \frac{R}{C_m e_{\max}} T_{f\max} \approx 1663 \qquad (3-22)$$

　　串联 K_p 后的系统开环 Bode 图如图 3-10 所示。可以看出，系统的截止频率为 4.62Hz，而期望的带宽为 3Hz，因此可通过设计滞后校正控制器使系统在 3Hz 处增益降低到 0dB，即降低 3.72dB，因此

$$20 \lg \beta = 3.72 \mathrm{dB} \qquad (3-23)$$

计算可得 $\beta = 1.53$ 。β 的值确定后，下一步需要确定转折频率 $1 / \beta T$ 和 $1 / T$ 。

　　一般将滞后校正控制器的高频转折点 $1 / T$ 取为 $\omega_c / 10$ ，即

$$\frac{1}{T} = \frac{\omega_c}{10} \qquad (3-24)$$

得到 $T = 0.53$ 。将以上参数代入式(3-20)可得滞后校正控制器，即

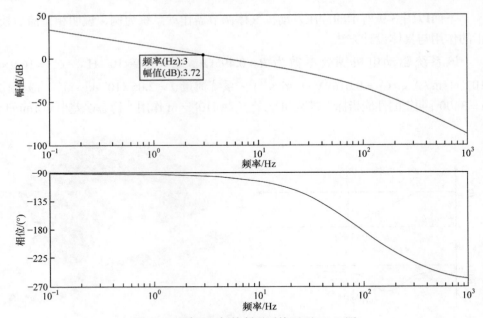

图 3-10　采用比例控制后系统开环 Bode 图

$$G_{\text{lag}}(s) = \frac{1+0.53s}{1+0.8135s} \tag{3-25}$$

相位滞后校正系统开环 Bode 图如图 3-11 所示。

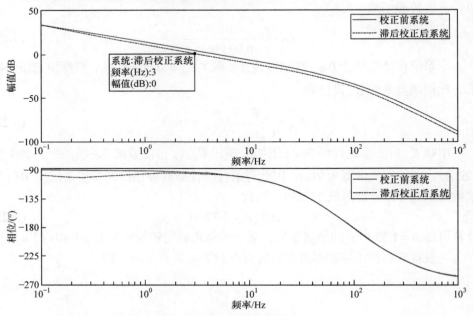

图 3-11　相位滞后校正系统开环 Bode 图

总结滞后校正控制器的设计步骤如下。

(1) 根据稳态误差要求，确定开环比例系数 K_p，画出系统开环 Bode 图。

(2) 根据设计指标确定截止频率 ω_c，从 Bode 图查出系统在 ω_c 处的开环增益 $A(\omega_c)$；根据 $A(\omega_c)=20\lg\beta$，求出 β，进而确定转折频率 $\omega_1=1/\beta T$、$\omega_2=1/T$

(3) 画出加入滞后校正后系统开环 Bode 图，校核相位裕度，如果不满足要求，则还需要设计超前校正控制器。

3.3.3　相位超前-滞后校正

超前校正的主要作用是增加相位稳定裕度，改善系统的动态特性；滞后校正的主要作用是在确保系统稳定裕度的同时保持系统有足够大的稳态增益。如果把上述两种校正结合起来形成超前-滞后校正，就可能同时实现超前校正和滞后校正的功能，兼顾系统的动态特性和稳态性能[2]。

超前-滞后校正装置的传递函数为

$$G_{\text{lead-lag}}=\frac{(1+\alpha T_1 s)(1+T_2 s)}{(1+T_1 s)(1+\beta T_2 s)},\quad \alpha,\beta>1 \tag{3-26}$$

这相当于一个超前校正与一个滞后校正串联。

下面以图 3-12 所示的小型滚仰式导引头伺服跟踪平台滚转通道为例，说明超前-滞后校正的作用与具体设计过程。该平台滚转通道驱动电机等效参数为 $R=0.296\Omega$、$L=0.000196\text{H}$、$C_m=0.058\text{N}\cdot\text{m/A}$、$C_e=0.038\text{V}/(\text{rad}\cdot\text{s}^{-1})$、$J=0.00013\text{kg}\cdot\text{m}^2$，采用直驱方式即减速比 $i=1$，期望性能指标是带宽高于 15Hz，单位斜坡跟踪稳态误差小于 1mrad。

图 3-12　滚仰式导引头

同样采用串联校正设计方案，如图 3-4 所示，K_p 为待设计控制器比例增益系数。代入系统参数并忽略分母三次项，可得系统开环传递函数为

$$G(s) = \frac{26.32K_p}{0.0175s^2 + s} \tag{3-27}$$

首先根据单位斜坡跟踪稳态误差要求小于 1mrad，可以确定增益系数 K_p。根据终值定理可得

$$\lim_{s \to 0} s \frac{1/s^2}{1 + \dfrac{1507.2K_p}{s^2 + 57.274s}} = \frac{57.274}{1507.2K_p} = 0.001 \tag{3-28}$$

计算可以得到增益系数 $K_p = 38$。对系统受到负载作用后的稳态误差进行校核，当最大负载为 5mN·m 时，可得系统的稳态控制误差为 0.67mrad。根据得到的增益系数，可得系统开环传递函数为

$$G(s) = 38 \cdot \frac{26.32}{0.0175s^2 + s} \tag{3-29}$$

如图 3-13 所示，该系统的截止频率为 37.8Hz，考虑期望的系统带宽仅要求高于 15Hz，因此采用相位滞后校正。

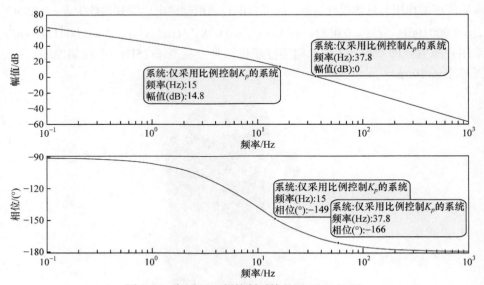

图 3-13　仅采用比例控制系统的开环 Bode 图

由此可知，系统在 15Hz 处的增益为 14.8dB，需将该点的增益降至 0dB，即

$$20\lg \beta = 14.8\text{dB} \tag{3-30}$$

计算可得 $\beta = 5.5$ 。β 确定后，下一步需要确定转折频率 $1/\beta T$ 和 $1/T$ 。

滞后校正控制器的高频转折点 $1/T$ 一般取 $\omega_c/10$ ，即

$$\frac{1}{T} = \frac{\omega_c}{10} \tag{3-31}$$

代入截止频率可得 $T = 0.106$ ，得到的滞后校正控制器为

$$G_{\text{lag}}(s) = \frac{1+0.106s}{1+0.583s} \tag{3-32}$$

加入滞后校正控制器后，系统的开环传递函数为

$$G_p(s) = G(s)G_{\text{lag}}(s) = 38 \cdot \frac{26.32}{0.0175s^2+s} \cdot \frac{1+0.106s}{1+0.583s} \tag{3-33}$$

加入滞后校正前、后系统的开环 Bode 图对比如图 3-14 所示。

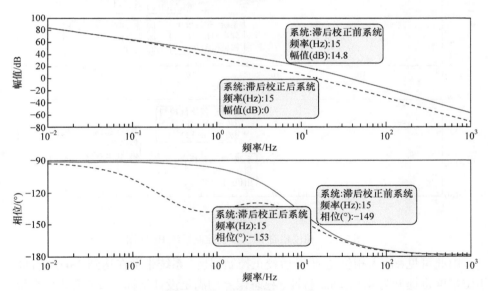

图 3-14　加入滞后校正前、后系统的开环 Bode 图对比

可以看出，加入滞后校正后，系统带宽虽已调整为 15Hz，但是系统的相位裕度也降低了(只有 27°)，会造成系统超调量较大，控制效果不佳，需要加入超前校正控制器。一般要求相位裕度大于 45°，因此在截止频率处需要增加至少 18° 的相位超前量。为了留有一定的设计裕度，可将超前校正的 θ_m 从 18° 增加到 30°，因此

$$\alpha = \frac{1+\sin 30°}{1-\sin 30°} = 3.0 \tag{3-34}$$

由超前校正中心频率 $\omega_m = \omega_c$ ，可得

$$\frac{1}{T} = \omega_c \sqrt{\alpha} = 2\pi \times 15 \times \sqrt{3} = 163.25 \tag{3-35}$$

因此，相位超前控制器的传递函数为

$$G_{\text{lead}}(s) = \frac{1 + 0.0184s}{1 + 0.00613s} \tag{3-36}$$

最终得到加入相位超前-滞后控制后的系统开环传递函数，即

$$G_c(s) = G_p(s)G_{\text{lead}}(s) = \frac{1000(1 + 0.106s)(1 + 0.0184s)}{(0.0175s^2 + s)(1 + 0.583s)(1 + 0.00613s)} \tag{3-37}$$

相位超前-滞后校正控制系统 Bode 图如图 3-15 所示。

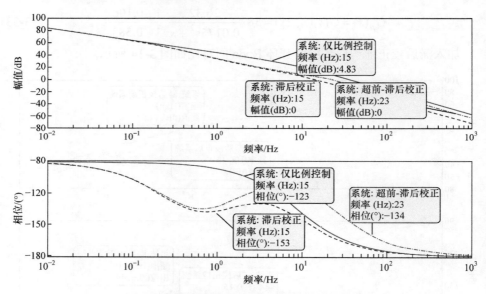

图 3-15　相位超前-滞后校正控制系统 Bode 图

由此可见，加入相位超前-滞后校正控制器后，系统带宽在达到 23Hz 的同时，相位裕度也提升为 46°，动态特性、稳态误差均满足设计指标。如果需要使系统带宽恰好满足 15Hz，则可以通过适当调整超前及滞后校正网络参数实现。

3.3.4　比例-微分控制

除了上面介绍的超前校正、滞后校正，以及超前-滞后校正，另外一类在实际工程应用中广泛采用的串联校正控制设计方法是 PID 控制。在高动态控制系统中，一般不建议采用 PI 控制，因为积分的存在会使系统的上升时间和调节时间变长，难以满足动态响应要求。因此，本节重点分析比例-微分(proportional derivative, PD)控制。PD 控制框图如图 3-16 所示。

PD 控制器的传递函数为

$$G_c(s) = K_p + K_d s = K_p\left(1 + \frac{K_d}{K_p}s\right) \tag{3-38}$$

其输入信号 $e(t)$ 与输出信号 $u(t)$ 的关系为

$$u(t) = K_p e(t) + K_d \frac{\mathrm{d}e(t)}{\mathrm{d}t} \tag{3-39}$$

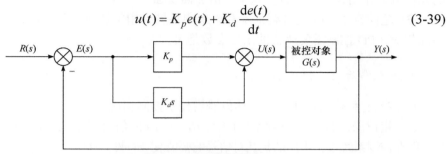

图 3-16　PD 控制框图

　　由此可见，PD 控制不但包含误差信号，而且包含误差信号的微分。如果没有微分作用，$e(t)$ 为正时控制信号 $u(t)$ 为正，$e(t)$ 为负时控制信号 $u(t)$ 为负。对于这种简单的负反馈，虽然能根据误差的极性产生消除误差的控制作用，但是由于惯性，系统可能会有振荡。

　　假设某一时刻 $t = t_1$ 位置误差 e 已经为 0，但是由于系统速度不一定为 0，系统输出 y 不可能立即停止变化，于是又会出现误差 e。这样就形成超调和振荡现象。有了微分作用，在 e 尚未到达 0 时 $\dot{e}$ 就已为负，因此在 t 接近 t_1 时，e 和 $\dot{e}$ 综合的效果可使控制信号 u 提前达到 0。因此，相比单一的比例控制，有微分作用可以实现超调小、振荡弱、过渡过程快。当过渡过程接近结束时，由于误差的变化已不大或较为缓慢，微分作用不再明显，因此微分校正通常与比例校正结合使用。

　　从频域上分析，PD 控制器是一个高通滤波器，其本质是一种超前控制，具有相位超前特性，可以提高控制系统的相位裕度，但是其幅频特性会将系统穿越频率增大到一个较高的值。因此，PD 控制器的设计涉及交接频率 $\omega = K_p / K_d$ 的配置，需在新穿越频率处能够有效地改善系统的相位裕度。在大部分情况下，PD 控制器可以增加控制系统的带宽，同时减小阶跃响应的上升时间和调节时间，但是对高频噪声会产生放大作用。

3.3.5　相位超前及滞后校正与 PID 控制器的区别与特性分析

　　1. 相位超前校正与 PD 控制器

　　PD 控制也具有相位超前作用，与相位超前校正相比，两者存在以下区别。

　　(1) 相位超前校正主要对频率区间 $[1/\alpha T, 1/T]$ 的信号产生相位超前作用，对低频段信号的影响较小，对高频段信号有一定的幅值放大功能。由式(3-1)可知，

高频增益为 $20\lg\alpha$。

(2) PD 控制对整个频段的信号均产生相位超前作用，相位超前量随频率的增加而增大，最终趋于 $90°$。PD 控制对低频信号的幅值放大作用较小，对高频信号的幅值放大作用较大，并且随频率的增加而变强。

(3) 超前校正主要通过调整 α 和 T 来调整最大相位超前量和相位超前频段。与此相对，PD 控制需要调整的主要参数是 K_p / K_d。

2. 相位滞后校正和 PI 控制器

PI 控制起相位滞后作用，与相位滞后校正控制相比，两者存在以下区别。

(1) 相位滞后校正会对频率区间 $[1/\beta T, 1/T]$ 的信号产生明显的相位滞后作用，但在控制系统校正中用的是其对信号的幅值衰减特性。具体说，在 $[1/\beta T, 1/T]$ 频段逐渐衰减，在大于 $1/T$ 的频段，逐渐趋于常值，幅值衰减为低频段的 $1/\beta$，这一特性为控制器采用高增益，减小静差奠定了基础。

(2) PI 控制对整个频段的信号均产生相位滞后作用，相位滞后量随着频率的增加而减小，最终趋于 $0°$；PI 控制对低频信号幅值及相位产生的影响的较大，对高频信号在幅值上作用相当于比例环节。

(3) 滞后校正主要通过 β 和 T 调整最大幅值衰减量和幅值衰减频段；与之相对，在 PI 控制中需调整的主要参数为 K_i / K_p，起积分作用的主要频段为 $[0, K_i / K_p]$，对应相位滞后量为 $[-90°, -45°]$。

3.4 并联校正

并联校正也是一种常见的控制系统校正方法，主要出现在系统的局部反馈回路中，因此也称局部反馈校正，如图 3-1 所示。局部反馈校正回路一般作为多回路系统中的内回路，其主要作用如下。

1. 减小被控对象的时间常数

假设局部反馈回路中的被控对象是一阶系统，传递函数表达式为

$$G_1(s) = \frac{K}{Ts+1} \tag{3-40}$$

并联校正环节设计为 $G_b(s) = K_b$，则被控对象经过并联校正后的传递函数为

$$G'(s) = \frac{G_1(s)}{1 + G_1(s)G_b(s)} = \frac{\dfrac{K}{1+K_bK}}{\dfrac{T}{1+K_bK}s+1} \tag{3-41}$$

显然，被控对象的时间常数 T 经过并联校正后减小为 $\dfrac{T}{1+K_bK}$，可以提高系统的响应速度，改善控制系统品质。同时，并联校正后系统增益降低至 $\dfrac{K}{1+K_bK}$，需要增大串联校正增益进行补偿。

2. 抑制被控对象不确定性的影响

抑制被控对象不确定性的影响包括结构不确定性、参数不确定性。假设局部被控对象 $G_1(s)$ 增益 K 存在加性不确定性 Δ，采用并联校正后，系统传递函数为

$$G'(s) = \frac{\dfrac{K+\Delta}{1+K_b(K+\Delta)}}{\dfrac{T}{1+K_b(K+\Delta)}s+1} \tag{3-42}$$

可见，并联校正增益 K_b 越大，模型不确定性对控制回路的影响越小。当 $KK_b \gg 1$ 时，在低频段(有效工作频段) $G'(s)$ 可简化为

$$G'(s) = \frac{1}{K_b} \tag{3-43}$$

它只与并联校正增益有关，与被控对象本身特性无关，可以起到抑制被控对象不确定性的作用。

3. 抑制外部干扰的影响

根据图 3-1，$D(s)$ 为外部扰动，采用并联校正后，$D(s)$ 对内回路输出的影响为

$$\frac{Y_1(s)}{D(s)} = \frac{G_1(s)}{1+G_1(s)G_b(s)} \tag{3-44}$$

可见，增加并联校正后，扰动对输出的影响降低为原来的 $\dfrac{1}{1+G_1(s)G_b(s)}$，能有效抑制外部扰动对控制回路的影响。

综上所述，并联校正增益越大，控制系统响应速度越快，对被控对象不确定性以及外部扰动的抑制效果越好。

3.5　前馈控制器

前面介绍的串联校正、并联校正均属于反馈控制方法。除此之外，还可使用前馈控制进一步提升系统性能。相比反馈控制，前馈的引入不会影响系统稳定性。

3.5.1　位置指令微分前馈

对于机电作动系统，通过增加位置指令微分前馈可以增强系统的位置跟随特性，即提升系统带宽、减小跟踪误差，可减小系统响应相移，使输出能够更好地跟踪输入的变化。前馈不影响闭环系统的特征方程，所以不影响系统的稳定性。加入位置指令微分前馈控制器后的反馈-前馈复合控制系统框图如图 3-17 所示。

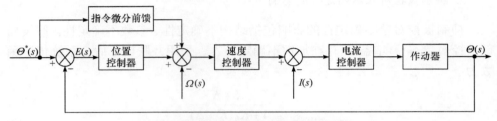

图 3-17　反馈-前馈复合控制系统框图

假设机电作动系统在完成速度闭环控制后，系统等效为一阶惯性环节和积分环节的串联。加入前馈控制器 $G_f(s)$ 的典型系统如图 3-18 所示。

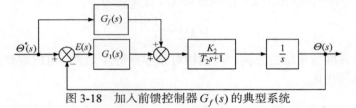

图 3-18　加入前馈控制器 $G_f(s)$ 的典型系统

不失一般性，设指令微分前馈环节的传递函数为

$$G_f(s) = \frac{L(s)}{Z(s)} \tag{3-45}$$

其中，$L(s) = as$，a 为比例系数。

考虑实际系统难以实现纯微分，令 $Z(s) = T_z s + 1$，T_z 很小时 $Z(s)$ 可近似为 1。令

$$G_1(s) = \frac{M_1(s)}{N_1(s)} = K_1 \tag{3-46}$$

$$G_2(s) = \frac{M_2(s)}{N_2(s)} = \frac{K_2}{s(T_2 s + 1)} \tag{3-47}$$

那么从输入到误差的传递函数为

$$
\begin{aligned}
G_e(s) &= \frac{1 - G_f(s)G_2(s)}{1 + G_1(s)G_2(s)} \\
&= \frac{N_1(s)(N_2(s)Z(s) - M_2(s)L(s))}{Z(s)(M_1(s)M_2(s) + N_1(s)N_2(s))}
\end{aligned}
\tag{3-48}
$$

将 $L(s) = as$ 、 $Z(s) = 1$ 代入式(3-48)，可得

$$G_e(s) = \frac{s(T_2 s + 1) - K_2 as}{s(T_2 s + 1) + K_1 K_2} \tag{3-49}$$

引入前馈控制的目标是使系统具有二阶无静差度，因此需要通过设计使误差传递函数分子中的 1 次项系数为零，即

$$a = \frac{1}{K_2} \tag{3-50}$$

则

$$G_e(s) = \frac{T_2 s^2}{s(T_2 s + 1) + K_1 K_2} \tag{3-51}$$

考虑斜坡输入 ε / s^2 ，则稳态误差为

$$e_{ss} = \lim_{s \to 0} s G_e(s) \frac{\varepsilon}{s^2} = 0 \tag{3-52}$$

显然，引入前馈控制后的位置环复合控制使原一阶无静差度系统能够无静差跟踪斜坡指令，从而变成二阶无静差系统提高作动系统的跟踪精度和带宽。

3.5.2　位置指令-负载特性前馈

机电作动系统在工作过程中容易受到外部负载的影响。一般情况下，为降低外部负载对控制精度的影响，需采用高增益闭环控制，利用微小的位置控制偏差产生所需的力/力矩来抵消负载力/力矩。由于实际系统存在测量噪声、干扰、惯性负载等影响，高增益闭环控制容易产生振荡问题。通过采用位置指令到负载特性的前馈补偿方案，可直接产生对应负载所需的控制电流指令，降低闭环控制参数设计难度，提高系统的稳态性能。

对于位置指令-负载映射关系，可通过构建插值表或利用公式计算等方式在线实现，然后解算成电流指令。实际上，机电作动系统位置与负载的映射关系并不固定，系统中存在建模误差、参数变化、干扰等问题，前馈负载特性补偿仅用于提供主要控制量。对于建模偏差等问题所需的控制增量，仍需通过闭环反馈控制产生，这也提高了机电作动系统的刚度。位置指令-负载特性前馈补偿控制框图如图 3-19 所示。

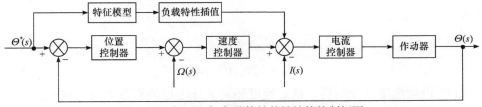

图 3-19　位置指令-负载特性前馈补偿控制框图

3.6　一种综合控制设计方法

下面介绍一种本书作者总结出的作动系统综合控制设计方法。与传统方法由内环到外环的设计方法不同，综合设计方法先根据系统稳态性能等要求，确定控制系统的总增益，然后利用解析法确定外环、中环的增益，最后设计内环，即电流环动态控制器。在设计外环、中环控制器时，内环带宽一般远高于外环，因此可以将电流环当作传递函数为 1 的系统。简化后的系统框图如图 3-20 所示。图中，C_m 为作动系统驱动电机力矩系数，J 为转子侧转动惯量，i 为减速比。此时的被控对象可近似认为是一个双积分系统。在设计位置环控制器时，将系统闭环传递函数设定为二阶系统，其中相关参数根据系统动态特性确定，这样往往仅需PD 控制即可满足要求。具体设计步骤如下。

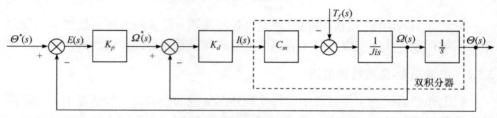

图 3-20　系统简化框图

(1) 根据系统稳态误差要求，确定前向通道总的最小增益或放大倍数 K_0。通常外部载荷 T_f 会引起较大的静差，因此 K_0 一般应根据外部载荷引起的静差确定。

(2) 根据系统动态特性要求，确定系统闭环传递函数。对作动系统可选用如下二阶系统传递函数，即

$$G(s) = \frac{\omega_n^2}{s^2 + 2\xi\omega_n s + \omega_n^2}　　　　　　(3\text{-}53)$$

其中，$\omega_n = 2\pi f$，频率 f 和要求的位置环带宽有关；ξ 为阻尼比，根据超调量确定 ξ，再结合调节时间可以确定 ω_n。

(3) 确定 K_p、K_d。假设电流环从指令到输出的传递函数为 1，利用解析法，可得

$$K_p = \omega_n / 2\xi$$

$$K_d = 2\xi\omega_n / (C_m/Ji)　　　　　　(3\text{-}54)$$

(4) 设计速度环控制器。确定速度环需额外增加的稳态前向增益 $K_\Omega = K_0 /$

$(K_p K_d)$，通常 $K_\Omega > 1$。增加 K_Ω 后系统交越频率会高于期望带宽，可增加滞后校正，目的是在增加 K_Ω 后系统和仅有 K_d 时的带宽相同或相近。若 $K_\Omega < 1$，则取 $K_\Omega = 1$，无须滞后校正。

(5) 设计电流环控制器，并检验步骤(3)中的条件是否满足(通常会满足)，若不满足即电流静差较大，则可在电流环外增加补偿增益或在电流环内增大增益，使电流环传递函数在期望带宽内近似为1。

该方法可快速设计出性能优良的控制器，不但便于工程应用，而且优点显著。位置环采用比例控制，控制器阶次低，系统鲁棒性强。上述方法稍作修改即可应用于无电流环的双环控制系统，同时对其他控制系统，如飞行控制系统设计也有很好的普适性。

下面以图 3-21 所示的直线机电作动系统为例，说明具体设计过程。系统传动比 $i = 8.454$。驱动电机主要参数如下，输出功率 $P = 10\text{kW}$、直流侧母线电压 $U = 270\text{V}$、额定转速 $n = 10500\text{r/min}$、转矩常数 $C_m = 0.4\text{N} \cdot \text{m/A}$、反电势常数 $C_e = 0.172 \text{ V/(rad} \cdot \text{s}^{-1})$、转子侧转动惯量 $J = 4.37 \times 10^{-4} \text{ kg} \cdot \text{m}^2$、相电阻 $R = 65\text{m}\Omega$、相电感 $L = 0.42\text{mH}$。设计位置控制器，使系统超调量小于 3%，调节时间小于 0.035s，稳态误差小于 0.1mm。

图 3-21　直线机电作动系统

下面简要叙述其设计过程。

(1) 根据稳态误差要求，取前向通道增益 $K_0 = 300\text{A/mm}$。

(2) 根据超调量取 $\xi = 0.8$，结合调节时间取 $\omega_n = 2\pi \times 20 = 125.66\text{rad/s}$。

(3) 确定位置控制器增益 K_p、速度控制器增益 K_d，即

$$K_p = \omega_n / 2\xi = 78.54$$

$$K_d = 2\xi\omega_n / (C_m / Ji) = 1.857 \tag{3-55}$$

(4) 初步确定速度控制器额外增益 $K_\Omega = K_0 / (K_p K_d) = 2.057$。显然，$K_\Omega > 1$，需

增加滞后校正，取滞后校正网络 $\dfrac{1+0.016s}{1+0.033s}$ 。同时，考虑反电势因素，电流环增益可以根据输入指令电流及电机额定电压确定，结合电机额定电流可取最大指令电流为30A，因此电流环最小增益应大于270/30=9，电流环增益取 $K_c=10$ 。电流环被控对象传递函数(这里仅为说明设计过程，直接用相电阻及相电感代替等效电枢电阻及电感)为

$$G_c(s)=\frac{K_c}{Ls+R}=\frac{10}{0.42\times10^{-3}s+0.065} \tag{3-56}$$

由于位置环带宽要求 20Hz 左右，一般要求内环带宽是外环带宽的 3~5 倍，因此取电流环设计带宽为 200Hz。

画出 Bode 图，可以看出应采用滞后校正(图 3-22)。下面介绍本书作者提出的一种滞后校正设计方法。该方法与传统设计方法相比，可显著提升动态性能。具体过程如下，过 (200Hz,0dB) 点作一条斜率为 -20dB/dec 的直线，与原系统的交点为 1.3Hz。将该点作为控制器的极点，在原系统转折频率处增加一个零点，用于抵消原系统的极点，于是可以得到控制器。其传递函数为

$$\begin{aligned}G_i^*\left(s\right)&=\frac{2\pi\times1.3}{R}\cdot\frac{Ls+R}{s+2\pi\times1.3}\\&=\frac{2\pi\times1.3}{0.065}\cdot\frac{0.42\times10^{-3}s+0.065}{s+2\pi\times1.3}\end{aligned} \tag{3-57}$$

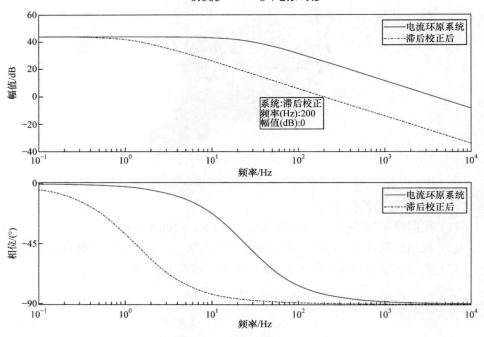

图 3-22　电流环滞后校正 Bode 图

　　输入幅值为 1mm 的阶跃指令和幅值为 1mm、频率为 20Hz 的正弦波指令，响应分别如图 3-23 和图 3-24 所示。由此可见，上述综合设计方法设计出的控制器具有优良的控制性能。

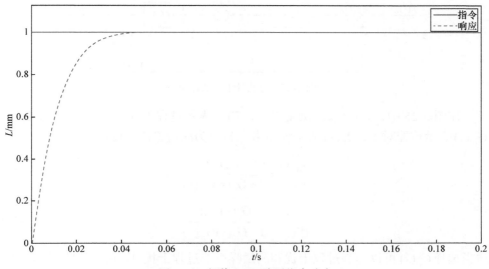

图 3-23　幅值 1mm 阶跃指令响应

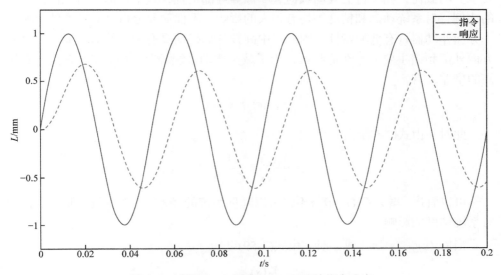

图 3-24　幅值 1mm 频率 20Hz 正弦波指令响应

3.7　精度及误差特性分析

本节针对扰动对系统的影响进行分析，考虑图 3-25 所示的结构图，分析过程干扰和测量噪声的影响。

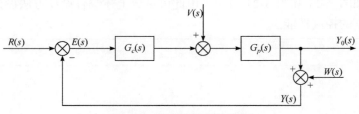

图 3-25 考虑干扰的结构图

在图 3-25 中，$W(s)$ 表示测量噪声，$V(s)$ 表示过程干扰，$G_c(s)$ 表示控制器，$G_p(s)$ 表示被控对象，$Y_0(s)$ 为系统输出，$Y(s)$ 为测量输出，可得

$$\frac{Y_0(s)}{V(s)} = \frac{G_p(s)}{1 + G_c(s)G_p(s)} \tag{3-58}$$

$$\frac{Y_0(s)}{W(s)} = \frac{-G_c(s)G_p(s)}{1 + G_c(s)G_p(s)} \tag{3-59}$$

适当选择 $G_c(s)$ 可以抑制过程干扰和测量噪声。过程干扰 $V(s)$ 主要包括作动系统要承受的载荷，如飞行器气动载荷、摩擦等外部干扰，其中外部载荷往往占很大的比例，对系统动态和精度等均有很大的影响。下面简要分析其对精度的影响，一方面作动器具有低通特性，因此对中高频外部扰动具有天然的抑制能力；另一方面外部频谱主要分布在低频区，为了减小作动系统静差，$G(s)$ 在低频段会有较高的增益，有

$$\left| G_c(s)G_p(s) \right| \gg 1$$

此时，由式(3-58)可得

$$\frac{Y_0(s)}{V(s)} \approx \frac{1}{G_c(s)}$$

可以看出，增大 $G_c(s)$ 增益不仅可以降低系统的静差，还能有效抑制外部扰动对系统精度的影响。

当 $\left| G_c(s)G_p(s) \right| \gg 1$ 成立时，由式(3-59)可知

$$\frac{Y_0(s)}{W(s)} \approx -1$$

此时，位置传感器的测量误差几乎 $1:1$ 地传递到系统输出。因此，合理选择传感器精度十分重要。为有效控制系统成本，传感器精度不宜远高于系统精度要求。另外，由于数字式传感器正成为主流，前面虽然指出传感器精度不必太高，

但是为了控制的平稳性，数字传感器的分辨率要足够高。一种比较理想的选择是，其分辨率和 PWM 发生器的位数相当。当然，这种选择并不困难，通常也不会增加系统成本。

下面以实际工程中飞行器气动铰链力矩对系统稳定性的影响进行分析。机电作动系统动力学模型主要包括驱动电机、传动机构、负载动力学等。考虑铰链力矩的作动系统框图如图 3-26 所示。

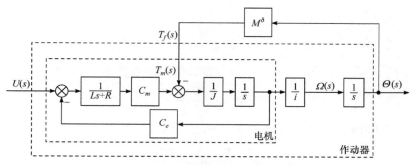

图 3-26　考虑铰链力矩的作动系统框图

作用在驱动电机转轴的力矩主要包括驱动力矩 T_m 和负载阻力矩 T_f。其中，负载力矩主要是气动铰链力矩经过作动系统传动机构作用于电机转轴上的等效力矩。该力矩往往具有弹性力矩性质，其值正比于舵面的偏角。力矩系数 M^δ 为一慢时变参数，其值正比于动压 $\overline{q} = 1/2\rho V^2$。由此可得系统动力学方程，即

$$J\ddot{\theta}(t) = \frac{T_m(t) - M^\delta \theta(t)}{i} \tag{3-60}$$

其中，J 为电机轴端的等效转动惯量；i 为减速比。

根据电机拖动原理，可得电机动力学微分方程，即

$$u(t) = Ri_a(t) + Li_a(t) + C_e i\dot{\theta}(t) \tag{3-61}$$

$$T_m(t) = C_m i_a(t) \tag{3-62}$$

其中，$i_a(t)$ 为电机电枢电流；R 为电机电枢电阻；L 为电机电枢电感；C_e 为电机反电动势系数；C_m 为电机转矩系数；$u(t)$ 为电机控制电压。

由此可得作动器的传递函数，即

$$\frac{\Theta(s)}{U(s)} = \frac{C_m}{LJis^3 + RJis^2 + (M^\delta L + C_e C_m i)s + M^\delta R} \tag{3-63}$$

采用图 3-20 控制结构及串联校正控制器 $G_c(s)$，可得传递函数为

$$\frac{\Theta(s)}{R(s)} = \frac{C_m G_c(s)}{LJis^3 + RJis^2 + (M^\delta L + C_e C_m i)s + M^\delta R + C_m G_c(s)} \tag{3-64}$$

　　如果忽略铰链力矩系数 M^δ 的变化(视为常数),则上述系统为线性定常系统,可用劳斯判据分析其闭环稳定性。特别地,当控制器 $G_c(s)$ 为比例控制器或比例微分控制器时,系统(3-64)为三阶系统。下面针对这两种情形进行分析。

　　情形 1:采用比例控制,即 $G_c(s) = K_p$。根据劳斯判据,系统稳定的充要条件是式(3-64)对应的系统特征多项式系数应满足如下约束,即

$$\begin{cases} M^\delta L + C_e C_m i > 0 \\ M^\delta R + C_m K_p > 0 \\ RJi(M^\delta L + C_e C_m i) > LJi(M^\delta R + C_m K_p) \end{cases} \tag{3-65}$$

因此,由上式第一个条件可知,系统稳定铰链力矩系数 M^δ 需满足

$$M^\delta > -\frac{C_e C_m i}{L} \tag{3-66}$$

　　由式(3-65)第二、三个条件可知,K_p 应满足

$$-\frac{M^\delta R}{C_m} < K_p < \frac{RC_e i}{L} \tag{3-67}$$

　　式(3-66)给出了系统稳定铰链力矩系数的范围。当 $M^\delta \geqslant 0$ 时,该条件自然满足,系统所受外力或外力力矩的方向与位移方向相反,当作动系统由中立位置(对应气动铰链力矩接近 0)产生正舵偏或负舵偏时,气动铰链力矩产生的回复力矩阻碍舵偏运动,系统静稳定。其中,力矩系数随飞行状态变化增大时,在相同电磁力矩条件下,用于系统加速的合力矩减小,会影响系统加速度,使系统带宽降低。考虑作动系统驱动电机的驱动电流受限,同时电机输出力矩均存在饱和非线性特征,若铰链力矩系数增大到对应负载力矩超过作动系统最大输出力矩时,舵偏角无法达到指令位置,而是在负载力矩与作动系统输出力矩的平衡点停止。

　　当 $M^\delta < 0$ 时,条件(3-66)可能不满足,系统不稳定。系统所受外力或外力力矩的方向与位移方向相同,一旦往外打舵,气动铰链力矩推动作动系统运动。作动系统输出力矩可能起制动作用,若起制动作用,电机运行在发电状态,可能引起过压,对电网安全产生严重影响,要十分重视。若气动铰链力矩超过作动系统的最大输出力矩,作动系统会被推至极限位置。

　　如图 3-27 所示,采用纯比例控制器,气动铰链力矩系数和控制增益满足条件(3-66)和(3-67),系统稳定。

　　情形 2:采用 PD 控制,即 $G_c(s) = K_p + K_d s$,则将控制器 $G_c(s)$ 代入式(3-64)得

$$\frac{\Theta(s)}{R(s)} = \frac{C_m(K_p + K_d s)}{LJis^3 + RJis^2 + (M^\delta L + C_e C_m i + C_m K_d)s + M^\delta R + C_m K_p} \tag{3-68}$$

若上式中所有参数均是定常的,则系统稳定的充要条件为

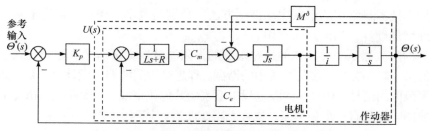

图 3-27　采用比例控制的作动器控制系统框图

$$\begin{cases} M^{\delta}L + C_eC_mi + C_mK_d > 0 \\ M^{\delta}R + C_mK_p > 0 \\ RJi(M^{\delta}L + C_eC_mi + C_mK_d) > LJi(M^{\delta}R + C_mK_p) \end{cases} \tag{3-69}$$

由此可以推出采用 PD 控制时系统稳定的充要条件为

$$\begin{cases} K_d > -\dfrac{M^{\delta}L}{C_m} - C_ei \\ -\dfrac{M^{\delta}R}{C_m} < K_p < \dfrac{R}{L}(K_d + C_ei) \end{cases} \tag{3-70}$$

由上式可知，当 $M^{\delta} \geqslant 0$ 时，式(3-70)中第一个条件自然满足，第二个条件中的左边不等式也自然满足，要关心的是右边的不等式(这不难满足，系统容易稳定)；当 $M^{\delta} < 0$ 时，若绝对值不是很大，则式(3-70)中条件均可满足；若绝对值很大，则 K_p、K_d 不存在合适解，系统不可能稳定。

由此，可以得出如下结论。

(1) 当 $M^{\delta} \geqslant 0$ 时，舵面自身是静稳定的，只要作动系统输出力矩足够大即可，使系统稳定，控制器参数取值范围会比 $M^{\delta} < 0$ 时大。

(2) 当 $M^{\delta} < 0$ 时，舵面自身静不稳定，随着 M^{δ} 增大，系统稳定性下降、快速性提升；当 M^{δ} 增至临界值时，舵系统失稳。

铰链力矩系数对作动系统的动态特性也有较大影响，如果作动系统抗反操纵力矩能力较差，将影响舵系统的稳定性[4,5]。在作动系统设计过程中，应充分考虑其在承受外部铰链力矩时的性能是否满足要求。

3.8　结构陷波器

响应速度快、负载惯量大的高动态作动系统容易产生谐振。在控制回路中加入结构陷波器是常用的谐振主动抑制方法。特别是数字结构陷波器易于实现且无须额外增加硬件，当前最为常用。

　　结构陷波器是一种特殊的带宽很窄的带阻滤波器，可消除或显著衰减系统信号中的某个频率分量，避免系统中的谐振。理想结构陷波器的设计目的是，滤掉一定频率范围的信号，并且在滤波过程中不改变其他频率成分，因此理想情况下的结构陷波器阻带只有一个频率点，也称点阻滤波器。其理想频率响应为

$$H(\mathrm{j}\omega) = \begin{cases} 1, & \omega \neq \omega_0 \\ 0, & \omega = \omega_0 \end{cases} \tag{3-71}$$

　　幅值频率特性在要消除的信号频率点处幅值为 0，在其他频率处幅值为 1。为了便于对结构陷波器的中心频率、陷波带宽、陷波深度进行调节，实际应用中的结构陷波器常采用如下结构，即

$$H(s) = \frac{s^2 + 2\xi_1\omega_d s + \omega_d^2}{s^2 + 2\xi_2\omega_d s + \omega_d^2} \tag{3-72}$$

其中，ω_d 为陷波中心频率，单位为 rad/s；ξ_1、ξ_2 为陷波系数，ξ_1、ξ_2 的取值由陷波宽度 B_W 和陷波深度 D 确定。

　　结构陷波器的幅频特性如图 3-28 所示。

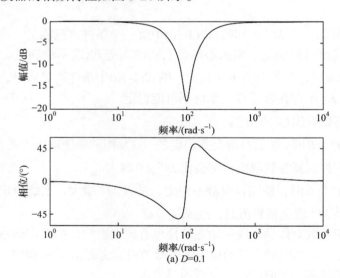

(a) $D=0.1$

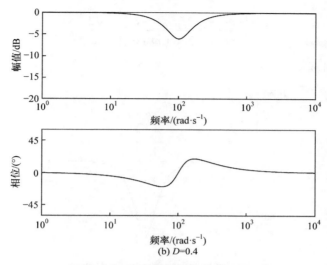

(b) $D=0.4$

图 3-28　结构陷波器的幅频特性

在设计结构陷波器参数时，应首先根据系统的谐振频率确定陷波中心频率 ω_d，然后根据需要的陷波带宽 B_W 和陷波深度 D，确定陷波系数 ξ_1 和 ξ_2。下面简要说明相应关系。

陷波带宽 B_W 指中心频率两侧、幅值衰减至 -3dB 时对应频率的差值。在式(3-72)中，陷波系数 ξ_1、ξ_2，陷波中心频率 ω_d，陷波深度 D 和陷波带宽 B_W 的关系为

$$\xi_1 = D\xi_2$$
$$\xi_2 = \sqrt{\frac{1 - \sqrt{\left(\dfrac{B_W}{\omega_d}\right)^2 + 1}}{4D^2 - 2}} \tag{3-73}$$

陷波中心频率 ω_d 对应的 $\left|H(\mathrm{j}\omega_d)\right|$ 就是陷波深度 D，即

$$\begin{aligned} D &= \left|H(\mathrm{j}\omega_d)\right| \\ &= \left|\frac{-\omega_d^2 + \mathrm{j}\cdot 2\xi_1\omega_d^2 + \omega_d^2}{-\omega_d^2 + \mathrm{j}\cdot 2\xi_2\omega_d^2 + \omega_d^2}\right| \\ &= \frac{\xi_1}{\xi_2} \end{aligned} \tag{3-74}$$

因此

$$\xi_1 = D\xi_2 \tag{3-75}$$

在图 3-29 中，频率 ω_1、ω_2 对应的增益为 -3dB，即

$$\left|\frac{-\omega^2 + \mathrm{j}\cdot 2\xi_1\omega_d\omega + \omega_d^2}{-\omega^2 + \mathrm{j}\cdot 2\xi_2\omega_d\omega + \omega_d^2}\right| = \frac{\sqrt{2}}{2} \tag{3-76}$$

求解可得 ω_1 和 ω_2。

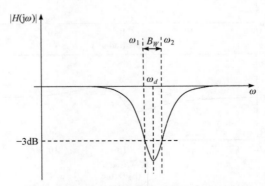

图 3-29　陷波器幅频特性与主要技术指标

由式(3-76)可得

$$\frac{\sqrt{(-\omega^2 + \omega_d^2)^2 + (2\xi_1\omega_d\omega)^2}}{\sqrt{(-\omega^2 + \omega_d^2)^2 + (2\xi_2\omega_d\omega)^2}} = \frac{\sqrt{2}}{2}$$

于是

$$\frac{(-\omega^2 + \omega_d^2)^2 + (2\xi_1\omega_d\omega)^2}{(-\omega^2 + \omega_d^2)^2 + (2\xi_2\omega_d\omega)^2} = \frac{1}{2}$$

$$2(-\omega^2 + \omega_d^2)^2 + 2(2\xi_1\omega_d\omega)^2 = (-\omega^2 + \omega_d^2)^2 + (2\xi_2\omega_d\omega)^2$$

$$(-\omega^2 + \omega_d^2)^2 = -8(\xi_1\omega_d\omega)^2 + 4(\xi_2\omega_d\omega)^2 = 2\omega_d^2\omega^2(2\xi_2^2 - 4\xi_1^2) \tag{3-77}$$

$$\omega^4 + 2\omega_d^2\omega^2(4\xi_1^2 - 2\xi_2^2 - 1) + \omega_d^4 = 0$$

$$\frac{\omega^4}{\omega_d^4} + 2(4\xi_1^2 - 2\xi_2^2 - 1)\frac{\omega^2}{\omega_d^2} + 1 = 0$$

令 $x = (\omega/\omega_d)^2$、$k = 4\xi_1^2 - 2\xi_2^2 - 1$，代入式(3-77)，可得

$$x^2 + 2kx + 1 = 0 \tag{3-78}$$

解得

$$x_1 = -k - \sqrt{k^2 - 1}, \quad x_2 = -k + \sqrt{k^2 - 1} \tag{3-79}$$

因此

$$x_2 - x_1 = 2\sqrt{k^2 - 1} \tag{3-80}$$

若 x 要有实数解，显然应有 $k^2 - 1 \geqslant 0$。又 $x \geqslant 0$，即 x_1、$x_2 \geqslant 0$，可知 $k \leqslant -1$。由于 $\xi_1 = D\xi_2$、$\omega_2 - \omega_1 = B_W$、$\omega_2 + \omega_1 = 2\omega_d$，因此

$$x_2 - x_1 = \left(\frac{\omega_2}{\omega_d}\right)^2 - \left(\frac{\omega_1}{\omega_d}\right)^2 = 2\sqrt{k^2 - 1} \tag{3-81a}$$

$$\frac{1}{\omega_d^2}(\omega_2 + \omega_1)(\omega_2 - \omega_1) = 2\sqrt{k^2 - 1} \tag{3-81b}$$

$$\frac{1}{\omega_d^2} \cdot 2\omega_d \cdot B_W = 2\sqrt{k^2 - 1} \tag{3-81c}$$

$$\frac{B_W}{\omega_d} = \sqrt{k^2 - 1} \tag{3-81d}$$

于是

$$k^2 = \left(\frac{B_W}{\omega_d}\right)^2 + 1 \tag{3-82a}$$

由 $k \leqslant -1$，可得

$$k = -\sqrt{\left(\frac{B_W}{\omega_d}\right)^2 + 1} \tag{3-82b}$$

因此

$$4\xi_1^2 - 2\xi_2^2 - 1 = -\sqrt{\left(\frac{B_W}{\omega_d}\right)^2 + 1} \tag{3-83}$$

即

$$4D^2\xi_2^2 - 2\xi_2^2 - 1 = -\sqrt{\left(\frac{B_W}{\omega_d}\right)^2 + 1} \tag{3-84a}$$

$$\left(4D^2 - 2\right)\xi_2^2 = 1 - \sqrt{\left(\frac{B_W}{\omega_d}\right)^2 + 1} \tag{3-84b}$$

可得

$$\xi_2 = \sqrt{\frac{1 - \sqrt{\left(\frac{B_W}{\omega_d}\right)^2 + 1}}{4D^2 - 2}} \tag{3-85}$$

陷波深度越大，即在陷波中心频率 ω_d 处的幅值 $|H(\mathrm{j}\omega_d)|$ 增益 D 越小，相位的频率特性在 ω_d 处的变化越剧烈(图 3-28)。因此，在抑制结构谐振、保证系统稳定的前提下，陷波深度够用即可，不宜太深。

在控制系统中，用数字滤波器代替模拟滤波器是一种十分方便、可靠且经济的方法，因此需要对结构陷波器进行离散化，其中双线性变换是一种简便可行的途径。对式(3-72)作双线性变换，令 $s = \dfrac{2}{T} \cdot \dfrac{z-1}{z+1}$，可得离散结构陷波器传递函数，即

$$
\begin{aligned}
H(z) &= H(s)\big|_{s=\frac{2}{T}\cdot\frac{z-1}{z+1}} \\
&= \frac{\dfrac{4}{T^2}\cdot\dfrac{(z-1)^2}{(z+1)^2} + \dfrac{4}{T}\xi_1\omega_d\dfrac{z-1}{z+1} + \omega_d^2}{\dfrac{4}{T^2}\cdot\dfrac{(z-1)^2}{(z+1)^2} + \dfrac{4}{T}\xi_2\omega_d\dfrac{z-1}{z+1} + \omega_d^2} \\
&= \frac{4(z^2-2z+1) + 4T\xi_1\omega_d(z^2-1) + T^2\omega_d^2(z^2+2z+1)}{4(z^2-2z+1) + 4T\xi_2\omega_d(z^2-1) + T^2\omega_d^2(z^2+2z+1)} \\
&= \frac{(T^2\omega_d^2 + 4T\xi_1\omega_d + 4)z^2 + (2T^2\omega_d^2 - 8)z + (T^2\omega_d^2 - 4T\xi_1\omega_d + 4)}{(T^2\omega_d^2 + 4T\xi_2\omega_d + 4)z^2 + (2T^2\omega_d^2 - 8)z + (T^2\omega_d^2 - 4T\xi_2\omega_d + 4)}
\end{aligned}
\tag{3-86}
$$

其差分方程的形式就是结构陷波器在数字控制器中的实现，即

$$
\begin{aligned}
y(k) =\ & \frac{T^2\omega_d^2 + 4T\xi_1\omega_d + 4}{T^2\omega_d^2 + 4T\xi_2\omega_d + 4}u(k) \\
& + \frac{2T^2\omega_d^2 - 8}{T^2\omega_d^2 + 4T\xi_2\omega_d + 4}u(k-1) + \frac{T^2\omega_d^2 - 4T\xi_1\omega_d + 4}{T^2\omega_d^2 + 4T\xi_2\omega_d + 4}u(k-2) \\
& - \frac{2T^2\omega_d^2 - 8}{T^2\omega_d^2 + 4T\xi_2\omega_d + 4}y(k-1) - \frac{T^2\omega_d^2 - 4T\xi_2\omega_d + 4}{T^2\omega_d^2 + 4T\xi_2\omega_d + 4}y(k-2)
\end{aligned}
\tag{3-87}
$$

参 考 文 献

[1] 孙增圻. 计算机控制理论与应用. 北京: 清华大学出版社，2008.

[2] 吴麟，王诗宓. 自动控制原理. 北京: 清华大学出版社，2006.

[3] Golnaraghi F, Kuo B C. 自动控制系统. 李少远, 邹媛媛, 译. 北京: 机械工业出版社, 2020.

[4] 郭栋，李朝富. 反操纵负载力矩对电动舵机性能的影响分析. 航空兵器, 2014, (2): 9-11.

[5] 李光普. 舵反操纵问题研究. 上海航天, 1986, (1): 18-24.

第 4 章　作动系统动态指标及时间最优控制

作动系统在阶跃指令下响应的上升时间、延迟时间、调节时间等指标直接反映其动态特性，相应的时间越短，动态特性越好。因此，研究作动系统最短时间控制具有重要意义。最短时间问题最早可追溯到意大利科学家伽利略在 1630 年提出的最速降线问题，即在同一铅锤面上的起点及不在其铅锤下方的终点，在起点与终点之间建立什么样的光滑轨道，小球在重力作用下从起点运动到达终点的时间最短。遗憾的是，伽利略并没有正确解决这一问题，而是错误地认为最优路径是圆弧。1696 年瑞士数学家约翰·伯努利正确解决了上述问题，他利用费马原理巧妙得出最优轨线即最速降线是摆线。此后，牛顿、莱布尼兹、洛必达，以及雅各布·伯努利等也解决了这一问题。其中，牛顿、莱布尼兹、洛必达等采用微积分的方法进行求解，而雅各布·伯努利则采用变分法将上述问题表达为一个泛函来求解。在上述三类方法中，约翰·伯努利的方法最为巧妙、简单，雅各布·伯努利的变分法则是现在该类问题最普遍的解法。

自 20 世纪 50 年代中期以来，美国和苏联的数学与控制学者采用古典变分理论解决了一类控制无约束的最短时间问题，从理论上证明了最优解的存在性和唯一性。然而，实际工程控制中的控制量一般都被约束在某一个闭集之内，如控制大小受约束。针对该问题，苏联学者庞特里亚金等提出控制量有约束条件下最优控制的极小值原理，显著增加了最优控制理论的实用性和适用范围。但是，在大多最优控制问题中，很难求出由变分法或极小值原理建立的微分方程的解析解，此时采用数值法就显得十分重要。贝尔曼于 1957 年提出动态规划方法，将一个多步最优控制问题转化为多个单步极值问题，从而简化求解过程。变分法、极小值原理和动态规划共同构成研究最优控制问题的基础[1]。

在工程实际中，时间最优(time optimal，TO)控制受采样时间、测量精度与噪声及受控对象模型准确性等因素的影响，控制通常无法准确切换，容易导致超调和抖动[2,3]。为避免该问题，本章针对作动系统分别采用二阶积分器系统模型，以及积分器与一阶惯性环节串联系统模型，提出近似时间最优(proximate time optimal, PTO)的多模复合控制方法，将传统的切换轨线替换为近似时间最优控制的切换区；切换区外采用传统 Bang-Bang 时间最优控制，切换区内以避免振荡和超调为目标采用平方根控制，从而实现位置误差为零时其导数也为零，避免抖动。同时，在小误差时采用线性控制方法，以实现更加平稳的跟踪。

4.1　作动系统动态指标

动态特性是作动系统的重要指标，一般系统的动态特性主要包括上升时间 t_r 、延迟时间 t_d 、调节时间 t_s 、最大超调量 σ 等，如图 4-1 所示。相关指标的定义如下。

上升时间 t_r ：零初始条件下，在阶跃输入作用下系统输出从稳态响应 $y(\infty)$ 的 10% 上升到 90% 所需的时间；对于有超调的系统，也可定义为从 0 上升到稳态 100% 所需的时间。上升时间越短，系统响应速度越快。

延迟时间 t_d ：零初始条件下，在阶跃输入作用下从施加输入到系统响应第一次达到稳态响应 $y(\infty)$ 的 50% 所需的时间。

峰值时间 t_p ：零初始条件下，在阶跃输入作用下系统到达第一峰值所需的时间。

调节时间 t_s ：零初始条件下，在阶跃输入作用下系统输出稳定在设定值附近并保持在可接受误差范围内所需的时间，误差范围通常取设定值的 ±5% 或 ±2%(该误差范围通常称为误差带)。

最大超调量 σ ：零初始条件下，单位阶跃响应最大值 $y(t_p)$ 与稳态值 $y(\infty)$ 的差与稳态值 $y(\infty)$ 百分比，即

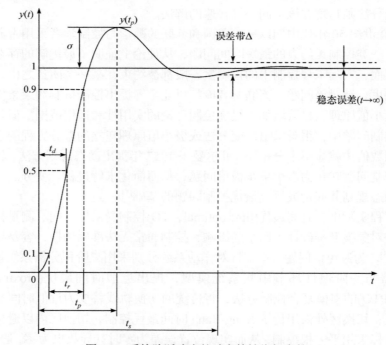

图 4-1　系统阶跃响应的动态特性指标参数

$$\sigma = \frac{y(t_p) - y(\infty)}{y(\infty)} \times 100\%$$

最大超调量通常简称为超调量。若对于 $t \geqslant 0$，恒有 $y(t) \leqslant y(\infty)$，则系统单位阶跃响应无超调。

上述 4 个时间指标和超调量基本可以反映系统动态过程的特征。在实际应用中，常用的动态性能指标多为上升时间、调节时间和超调量。通常用 t_r 或 t_p 评价系统的响应速度，用 σ 评价系统的阻尼程度，而 t_s 则是同时反映响应速度和阻尼程度的综合性指标。除简单的一、二阶系统，要精确确定这些动态性能指标的解析式比较困难。作动系统外特性通常用如下二阶系统描述，即

$$G(s) = \frac{\omega_n^2}{s^2 + 2\xi\omega_n s + \omega_n^2} \tag{4-1}$$

其中，ω_n 为系统自然角频率；ξ 为阻尼比。

选取误差带 $\Delta = 0.05$ 时，系统的调节时间为

$$t_s = \frac{3.5}{\xi\omega_n} \tag{4-2}$$

选取误差带 $\Delta = 0.02$ 时，有

$$t_s = \frac{4.4}{\xi\omega_n} \tag{4-3}$$

系统的超调为

$$\sigma = e^{-\pi\xi/\sqrt{1-\xi^2}} \times 100\% \tag{4-4}$$

根据系统超调量、调节时间或带宽等指标可确定式(4-1)中的参数。

对实际的作动系统，阶跃输入的幅值通常取最大单边行程的 3%～5%。对线性工作范围要求特别宽的系统，如高动态飞行器作动系统，可取最大单边行程的 10%，具体取值应考虑实际需求。可以看出，响应时间对系统动态特性有重要影响。下面讨论以追求响应时间最短为目标的优化控制问题。

4.2　采用二阶积分器模型的时间最优控制

二阶积分器系统模型简单，其最优控制工程应用较为便捷，但是对图 4-2 所示的机电作动系统，由于反电动势回路和电枢电感的存在，电机模型并不是二阶积分器形式，因此在使用二阶积分器模型求解时间最优控制之前，首先需要对其进行校正。为了与电流区别，图 4-2 中用 i_r 表示系统减速比。

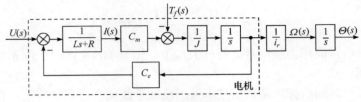

图 4-2　作动器动力学模型

对于反电动势回路及电枢特性，通过设计如图 4-3 所示的电流控制器 $G_c(s)$，可实现对给定电流的快速跟踪。此外，在电流控制器的作用下，电流环具有显著的高阻抗特性。这进一步削弱了反电动势影响，从而将对象近似转化为双积分系统(式(4-5))，因此可采用双积分器模型进行时间最优控制器的设计。

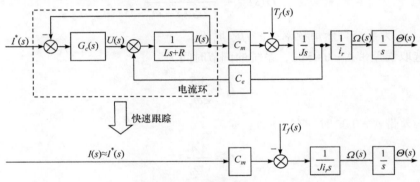

图 4-3　通过电流控制器将对象进行转换

下面首先讨论二阶积分器在控制受约束条件下的时间最优控制。这是一个经典的最优控制问题。

4.2.1　二阶积分器时间最优控制

经电流控制器校正后，作动器可简化为双积分系统。该系统状态方程为

$$\begin{cases} \dot{\theta}(t) = \omega(t) \\ \dot{\omega}(t) = \dfrac{C_m}{Ji_r} i(t) \end{cases} \tag{4-5}$$

其中，控制量 $i(t)$ 为电枢电流，其幅值受限，即

$$|i(t)| \leqslant I_m, \quad t \in [0, t_f] \tag{4-6}$$

式中，I_m 为最大电流幅值；t_f 为控制终了时间，要求合适的 $i^*(t)$ 使以下指标最小，即

$$\min_{i(t)} J = \int_0^{t_f} \mathrm{d}t \tag{4-7}$$

定义如下加速度指令，即

$$u(t) = \frac{C_m}{Ji_r} i(t) \tag{4-8}$$

则系统状态方程可写为

$$\begin{cases} \dot{\theta}(t) = \omega(t) \\ \dot{\omega}(t) = u(t) \end{cases} \tag{4-9}$$

记

$$a_m = \frac{C_m I_m}{Ji_r} \tag{4-10}$$

显然，a_m 为最大加速度幅值，并且

$$|u(t)| \leqslant a_m, \quad t \in [0, t_f] \tag{4-11}$$

针对上述最短时间控制问题，为简单起见，先考虑调节问题，其控制目标是求取最优控制量 $u^*(t)$，使系统由任意初态 $[\theta_0, \omega_0]^T$ 以最短时间转移到状态空间原点。

构造 Hamilton 函数，即

$$H[x(t), u(t), \lambda(t), t] = 1 + \lambda_1(t)\omega(t) + \lambda_2(t)u(t) \tag{4-12}$$

其中，$x(t) = [\theta(t), \omega(t)]^T$ 表示状态向量；$\lambda(t) = [\lambda_1(t), \lambda_2(t)]^T$ 表示协态向量。

由庞特里亚金极小值原理可知，最优控制量为

$$u^*(t) = -\mathrm{sign}[\lambda_2(t)] \tag{4-13}$$

协态方程为

$$\begin{cases} \dot{\lambda}_1(t) = -\dfrac{\partial H}{\partial \theta} = 0 \\ \dot{\lambda}_2(t) = -\dfrac{\partial H}{\partial \omega} = -\lambda_1(t) \end{cases} \tag{4-14}$$

可得 $\lambda_1(t) = C_1$、$\lambda_2(t) = -C_1 t + C_2$，其中 C_1 和 C_2 为常数。

若令初态 $\lambda_1(0) = \lambda_{10}$、$\lambda_2(0) = \lambda_{20}$，则协态方程的解为

$$\begin{aligned} \lambda_1(t) &= \lambda_{10} \\ \lambda_2(t) &= -\lambda_{10} t + \lambda_{20} \end{aligned} \tag{4-15}$$

由于协态向量 $[\lambda_1(t), \lambda_2(t)]^T$ 为非零向量，因此 λ_{10} 和 λ_{20} 不能同时为 0。根据 λ_{10} 和 λ_{20} 的不同组合，最优控制 $u^*(t)$ 可能的取值如图 4-4 所示，即相应控制为 $\{+a_m\}, \{-a_m\}, \{-a_m, +a_m\}, \{+a_m, -a_m\}$。由此可见，最优控制量 $u^*(t)$ 不是取最大值

$+a_m$ 就是取最小值 $-a_m$ ，或者在两者之间切换，因此被形象地称为 Bang-Bang 控制。

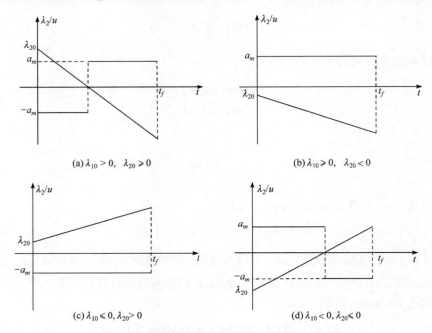

(a) $\lambda_{10} > 0,\ \lambda_{20} \geqslant 0$　　　　　　　　　　(b) $\lambda_{10} \geqslant 0,\ \lambda_{20} < 0$

(c) $\lambda_{10} \leqslant 0,\ \lambda_{20} > 0$　　　　　　　　　　(d) $\lambda_{10} < 0,\ \lambda_{20} \leqslant 0$

图 4-4　最优时间控制的解

　　为便于工程应用，进一步研究最优控制律并推导切换轨线方程，令 $u^*(t) = +a_m$ ，由状态方程可得系统相轨迹方程，即

$$\theta = \frac{1}{2a_m}\omega^2 + \left(\theta_0 - \frac{1}{2a_m}\omega_0^2\right) \tag{4-16}$$

令 $u^*(t) = -a_m$ ，由状态方程可得系统相轨迹方程，即

$$\theta = -\frac{1}{2a_m}\omega^2 + \left(\theta_0 + \frac{1}{2a_m}\omega_0^2\right) \tag{4-17}$$

　　式(4-16)和式(4-17)表示一族抛物线，时间最优控制最终的最优轨线是通过原点的轨线。如图 4-5 所示，过原点的最优轨线 S_1 和 S_2 分别为

$$\begin{aligned} S_1 &: \theta = -\frac{1}{2a_m}\omega^2, \quad \omega \geqslant 0 \\ S_2 &: \theta = \frac{1}{2a_m}\omega^2, \quad \omega < 0 \end{aligned} \tag{4-18}$$

　　显然，在最优控制轨线 S_1 和 S_2 上方(含在 S_1 上)取 $u^*(t) = -a_m$ ，此时实际最优

控制量 $i^* = -I_m$ ；在最优轨线 S_1 和 S_2 的下方(含在 S_2 上)取 $u^* = a_m$ ，此时实际最优控制量 $i^* = I_m$ 。

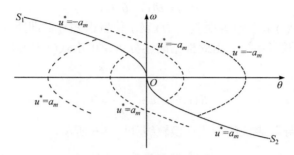

图 4-5　最优控制切换轨线

最优控制量 $u^*(t)$ 根据状态和 S_1 、 S_2 的相对位置在 a_m 与 $-a_m$ 之间切换，因此 S_1 和 S_2 又称最优切换轨线或最优切换线。

实际上，上述最优切换轨线(4-18)有更直观的理解方式，即对于某一物体，若其以最大加速度 a_m 做匀加速运动，假设当前速度为 v_0 、位移为 s_0 ，则其后续运动速度 $v(t)$ 和位移 $s(t)$ 可表示为

$$v(t) = v_0 + a_m t$$
$$s(t) = s_0 + v_0 t + \frac{1}{2} a_m t^2$$
(4-19)

假设要将物体位移控制为 0，并且无超调，则必须满足位移为 0 时，速度也同时为 0，即

$$0 = v_0 + a_m t$$
$$0 = s_0 + v_0 t + \frac{1}{2} a_m t^2$$
(4-20)

消去时间变量 t ，可得

$$s_0 = \frac{v_0^2}{2a_m} , \quad v_0 < 0$$
(4-21)

若其以最大负加速度 $-a_m$ 做匀减速运动，根据同样的分析，可得

$$s_0 = -\frac{v_0^2}{2a_m}, \quad v_0 \geqslant 0$$
(4-22)

式(4-21)和式(4-22)可统一表述为

$$s_0 + \frac{v_0 |v_0|}{2a_m} = 0 \quad \text{或} \quad v_0 = -\mathrm{sign}(s_0)\sqrt{2a_m |s_0|}$$
(4-23)

在上面的分析中，位移 s_0 相当于状态方程(4-18)中的状态分量 θ_0 ， v_0 相当于状态

分量 ω_0 。

对于跟踪系统，为简单起见，定义误差

$$e(t) = \theta(t) - \theta^*(t) \tag{4-24}$$

以 $e(t)$ 代替 $\theta(t)$ 表示位置误差、$\dot{e}(t)$ 表示位置误差导数即速度误差。不失一般性将系统处理为调节系统，由此根据前述分析，可由式(4-18)或式(4-23)得到最优切换轨线，即

$$S(e, \dot{e}) = e + \frac{\dot{e}|\dot{e}|}{2a_m} = 0 \tag{4-25}$$

以误差及其导数表征的最优切换轨线如图 4-6 所示。

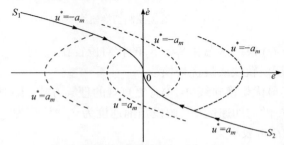

图 4-6　以误差及其导数表征的最优切换轨线

4.2.2　近似时间最优控制方法

在实际系统中，受系统负载(包括惯量、阻力/力矩等)、采样时间、测量精度与噪声，以及传动刚度等因素的影响，通常控制无法在标称最佳轨线上准确切换，此时的最优控制不可避免地存在极限环。当系统参数发生扰动或存在未建模动态时，系统的实际最优轨线与标称最优轨线不相符，会使调节时间增长，超调变大，不但会使系统的控制性能下降，而且引起的振荡会产生稳定性问题。为克服 Bang-Bang 控制存在的问题，提高鲁棒性，把切换轨线拓宽为切换区[2-5]。在切换区外，系统状态距离最优切换轨线较远，直接采用基于最大加、减速度的 Bang-Bang 控制；在切换区内，系统状态距离标称最优切换轨线较近，此时通过平方根控制及线性控制器控制速度，实现近似最大的加、减速；控制输出是连续的，并非在正、负最强控制量之间切换。虽然控制效果不再是时间最优，但是可以避免控制的抖振和极限环，此区域称为次优区。因为产生的速度指令是位移或其误差绝对值与次优加速度乘积两倍的平方根，所以称为平方根控制。对于不同的物理对象，次优切换区的构造方式也不尽相同。下面重点介绍两种构造方式。

1. 根据负载不确定性构造切换区

飞行器作动系统是负载不确定的典型代表。一种典型情况是，在飞行过程中，

飞行动压会大范围变化，气动舵面所受的铰链力矩也会随之变化，因此舵面作动系统所受的负载并不固定，实际加速度不确定性大。另一种典型情况是，系统惯量会发生较大变化，存在不确定性。例如，航空机炮方位伺服系统在机炮不同高低角时惯量会发生很大改变，直接导致运动加速度的不确定性。为保证时间最优控制的鲁棒性，需要将标称最优轨线拓宽为切换区，并在系统位移误差很小时切换为线性控制，提高稳态性能。由于切换轨线和系统运动轨线相对坐标原点呈中心对称，因此只需考虑状态位于左半平面或右半平面的情形。下面以左半平面为例进行分析。

上述负载力/力矩、惯量等不确定性最终都导致实际运动加速度的不确定性。假设实际加速度在 $k_L a_m$ 和 $k_U a_m$ 之间变化，构造切换区上界 S_1^U 和下界 S_1^L，即

$$S_1^U : e + \frac{\dot{e}^2}{2k_U a_m} = 0, \quad \dot{e} \geqslant 0$$

$$S_1^L : e + \frac{\dot{e}^2}{2k_L a_m} = 0, \quad \dot{e} \geqslant 0$$
(4-26)

其中，k_U 和 k_L 分别为切换区上界 S_1^U 和下界 S_1^L 的调整参数，$k_U > 1$、$k_L < 1$，其具体取值根据实际系统控制能力可能变化的范围确定，例如 k_U 可取 1.1 左右，k_L 可取 0.9 左右。

如图 4-7 所示，在切换区内，控制律改为平方根控制，即由力/力矩控制模式改为速度控制模式，速度指令由式(4-25)得到，即

$$\omega^*(t) = \sqrt{-2a_m e}$$
(4-27)

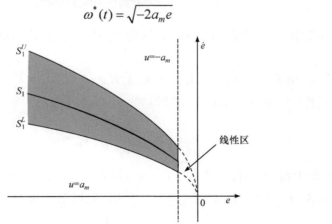

图 4-7 考虑控制能力不确定性的切换区构造

2. 根据控制周期构造切换区

数字控制器由于通用、灵活，便于实现复杂的控制算法(如现在讨论的最优控

制),也可实现模拟控制系统无法实现的性能,因此在作动系统中普遍使用。当采用数字控制时,由于控制是不连续的,因此不可能实现每次都在最优切换轨线上精确切换,会产生极限环振荡。为此,在构造切换区时需考虑采样周期导致的切换不准确问题。如前所述,切换轨线、系统状态运动轨线是中心对称的,下面仅考虑位于左半平面的情形,在实际控制过程出现状态位于右半平面的情形时,只需通过旋转变换即可处理。如图 4-8 所示,为构造切换区,首先设定切换区最大容许控制 a_c ,其取值小于 a_m ,因此曲线 S_1 的表达式为

$$e = -\frac{\dot{e}^2}{2a_c} \tag{4-28}$$

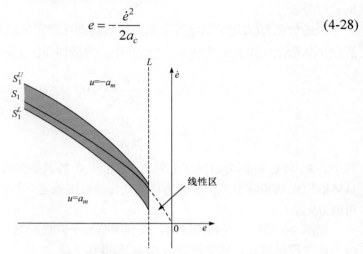

图 4-8　考虑采样周期的切换区构造

图 4-8 中, S_1^U 和 S_1^L 分别为切换区的上边界和下边界,切换轨线 S_1^U 的确定原则如下。

(1) S_1^U 由 S_1 平移得到,并位于 S_1 上方。

由条件(1),即 S_1^U 可由 S_1 平移得到,可以设其方程为

$$e = -\frac{(\dot{e} + c_{11})^2}{2a_c} + c_{12} \tag{4-29}$$

(2) 处于 S_1^U 上的任一状态 $(e, \dot{e})$,在控制量 $u^* = -a_m$ 的作用下,经过一个周期恰好到达 S_1 上,设其坐标为 $(e_0, \dot{e}_0)$, T_s 为控制周期,则

$$e_0 = e + \dot{e}T - \frac{1}{2}a_m T_s^2 \tag{4-30}$$

$$\dot{e}_0 = \dot{e} - a_m T_s \tag{4-31}$$

又 $(e_0, \dot{e}_0) \in S_1$,即

$$e_0 = -\frac{\dot{e}_0^2}{2a_c} \tag{4-32}$$

由此可得

$$c_{11} = (a_c - a_m)T_s \tag{4-33}$$

$$c_{12} = \frac{1}{2}(a_c - a_m)T_s^2 \tag{4-34}$$

类似地，可得 S_1^L 的方程，即

$$e = -\frac{(\dot{e} + c_{21})^2}{2a_c} + c_{22} \tag{4-35}$$

其中

$$c_{21} = (a_m + a_c)T_s \tag{4-36}$$

$$c_{22} = \frac{1}{2}(a_m + a_c)T_s^2 \tag{4-37}$$

显然，可以证明在直线 L，有

$$e = -\frac{(a_m T_s)^2}{8a_c} \tag{4-38}$$

左边曲线 S_1^U 始终位于 S_1 上方，S_1^L 始终位于 S_1 下方，只要非线性控制切换到线性控制的切换阈值满足

$$|e| > \frac{(a_m T_s)^2}{8a_c} \tag{4-39}$$

那么次优区为 S_1^U 与 S_1^L 所夹，位于直线 L 之左的区域。

上述次优区的控制准则是系统无超调，即在制动时要求误差及其导数同时为零。假设在 t_0 时刻，系统位置与速度误差分别为 $e(t_0)$ 与 $\dot{e}(t_0)$，系统在时刻 t 制动完毕，则有

$$e(t) = e(t_0) + \dot{e}(t_0)(t - t_0) - \frac{a_c}{2}(t - t_0)^2 = 0 \tag{4-40}$$

$$\dot{e}(t) = \dot{e}(t_0) - a_c(t - t_0) = 0 \tag{4-41}$$

消去时间变量 t，可得

$$e(t_0) = -\frac{\dot{e}(t_0)^2}{2a_c} \tag{4-42}$$

　　根据实际系统的物理意义，取次优控制律为

$$\dot{e}^* = -\mathrm{sign}(e) \cdot \sqrt{2|e|a_c} \tag{4-43}$$

当状态位于左半平面时，$e<0$，于是

$$\dot{e}^* = \sqrt{-2a_c e} \tag{4-44}$$

　　该控制律以位置误差为控制变量，把误差的导数，即速度误差作为被控量，因此即使系统存在参数扰动，系统性能也不会明显恶化，算法具有较好的鲁棒性。

　　综合上述分析，可建立切换区内外的控制律，即

$$u^* = -a_m，\quad (e,\dot{e}) \text{ 位于 } S_1^U \text{ 上或其上方} \tag{4-45}$$

$$u^* = a_m，\quad (e,\dot{e}) \text{ 位于 } S_1^L \text{ 下方} \tag{4-46}$$

$$\dot{e}^* = \sqrt{-2a_c e}，\quad (e,\dot{e}) \text{ 位于 } S_1^U \text{、} S_1^L \text{ 之间的次优区} \tag{4-47}$$

　　然而，对于一个数字控制系统，每一步控制量都是由先前的测量及其他信息所决定的。从测量到控制的时滞总是存在的，这一时滞对系统性能会有不良的影响，严重时会引起系统振荡。解决方法是对已获取的测量结果进行外推，估计实施控制的结果。记 $e(k)$ 为 k 时刻测量值，$\hat{e}(k)$ 为由 $e(k)$ 得到的预估值，T_s 为控制(采样)周期，αT_s 为采样到控制的时延，一般有 $0 < \alpha < 1$，则

$$\hat{e}(k) = e(k) + \dot{e}(k)(\alpha T_s) - \frac{1}{2}u(\alpha T_s)^2 \tag{4-48}$$

因此，实际控制律为

$$\dot{e}^*(k) = \sqrt{-2a_c \hat{e}(k)} \tag{4-49}$$

　　由式(4-48)预估得到的 $\hat{e}(k) > 0$ 时，如果继续使用控制律(4-43)，系统将出现微小超调。存在 $t \in [kT_s, (k+1)T_s]$，使 $e(t)=0$。控制的目的是使误差为 0，因此一旦 $\hat{e}(k) > 0$，可令

$$\hat{e}(k) = 0 \tag{4-50}$$

　　至此，对于大偏差时的非线性控制，即切换区外的 Bang-Bang 控制与切换区内的次优误差平方根控制可以保证误差及其导数同时趋于 0。在此控制律下，系统可实现快速调整且无振荡与超调。一旦它小于非线性控制到线性控制的切换阈值，算法就切换为线性控制。针对双积分器，可采用 PD 控制，其传递函数可以描述为

$$G(s) = K_p + K_d s \tag{4-51}$$

　　综上，多模复合近似时间最优控制示意图如图 4-9 所示。控制流程如图 4-10 所示。

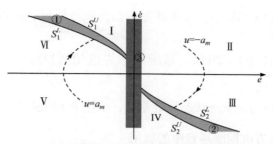

图 4-9　多模复合近似时间最优控制示意图

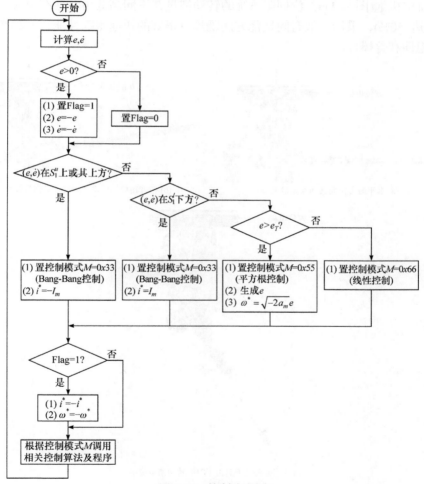

图 4-10　控制流程图

(1) 最优区（Ⅰ/Ⅱ/Ⅲ区），系统状态离切换轨线较远，取控制量 $u^* = -a_m$，即 $i^* = -I_m$。

(2) 最优区(Ⅳ/Ⅴ/Ⅵ区)，系统状态离切换轨线较远，取控制量 $u^* = a_m$，即 $i^* = I_m$。

(3) 次优切换区(①/②区)，系统状态靠近切换轨线，采用平方根控制律 $\omega^* = -\mathrm{sign}(e)\sqrt{a_c |e|}$。

(4) 线性区(③区)，系统状态靠近原点，采用 PD 控制。

4.2.3　在航空机炮方位伺服平台中的应用

航空机炮(图 4-11)方位伺服系统的转动惯量在不同高低角时会有很大的变化量(高达 50%)，采用近似时间最优方法既具有很好的快速跟踪性能，又具有很好的平稳性和鲁棒性。

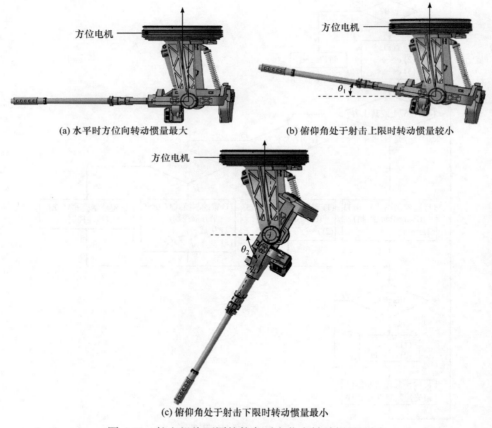

图 4-11　航空机炮不同俯仰角时方位向转动惯量不同

机炮方位系统由一台 46 对极永磁同步电机直接驱动，各部分为刚性连接。电机主要参数如下，额定力矩为 700N·m(峰值力矩 1250N·m)、额定转速为 80°/s、

转矩常数 C_m 为 42.56N·m/A、反电势常数 C_e 为 49.5V/(rad·s⁻¹)、转动惯量 J 为 20kg·m²、相电阻 R 为 5.397Ω、d/q 轴电感 L_d/L_q 为 26.96mH/30.76mH。

其动态特性要优于如下二阶系统，即

$$G(s) = \frac{\omega_n^2}{s^2 + 2\xi\omega_n s + \omega_n^2} \tag{4-52}$$

其中，$\omega_n = 6\pi$；$\xi = 0.8$。

由于采用直接驱动，减速比 $i_r = 1$，通过设计电流控制器(电流环采用滞后校正)，将被控对象近似等效为双积分器系统，采用上节介绍的方法设计近似时间最优多模复合控制规律，当 $|e| \leqslant 1$mrad 时切换为线性控制。线性控制器采用 PD 串联校正控制结构(该控制器也用来与近似时间最优方法进行对比)。如图 4-12 所示，具体控制参数采用 3.6 节的方法进行设计，其中 $K_p = 11.78$、$K_d = 14.17$、电流环带宽为 75Hz。

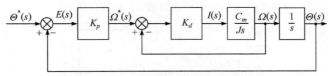

图 4-12　采用线性控制时简化系统框图

在线性区外，当系统状态距离最优切换轨线较远时采用 Bang-Bang 控制，当系统状态距离标称最优切换轨线很近时采用次优时间控制，根据式(4-26)选取次优区间上下界，其中最大角加速度 a_m 根据额定电流 I_m 通过下式确定，即

$$a_m = \frac{C_m I_m}{J} \tag{4-53}$$

1. 与时间最优控制的对比

图 4-13 所示为 5°阶跃输入下时间最优控制响应及状态轨线。图 4-14 所示为

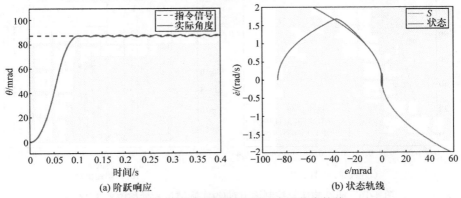

(a) 阶跃响应　　　　　　　　　　　　(b) 状态轨线

图 4-13　时间最优控制阶跃响应及状态轨线

5°阶跃输入下近似时间最优控制响应及状态轨线。图 4-15、图 4-16、图 4-17 为两种控制方法响应及控制输出的对比。响应曲线及轨线结果表明，近似时间最优多

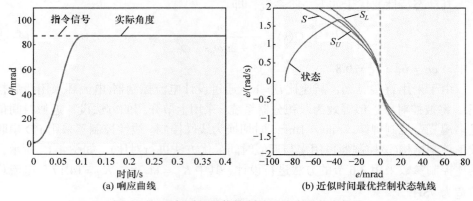

图 4-14　近似时间最优控制阶跃响应及状态轨线

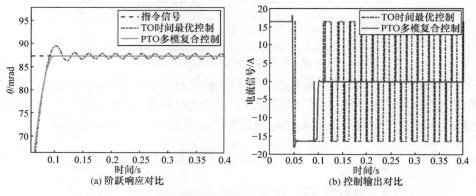

图 4-15　阶跃响应及控制输出对比(实际惯量为标称值)

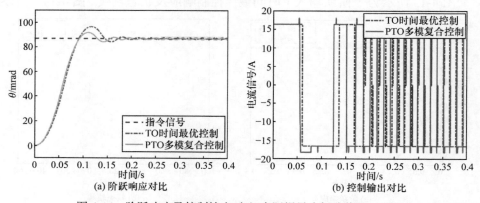

图 4-16　阶跃响应及控制输出对比(实际惯量为标称值的 1.2 倍)

模复合控制方法对大惯量机电系统有良好的控制性能，满足系统所需的高精度与高带宽。

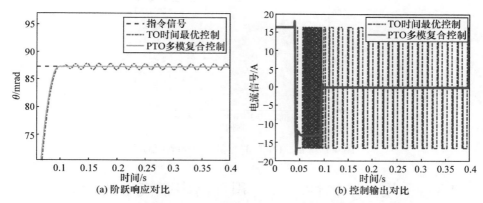

(a) 阶跃响应对比　　　　　　　　(b) 控制输出对比

图 4-17　阶跃响应及控制输出对比(实际惯量为标称值的 0.8 倍)

2. 与线性控制器的对比

将近似时间最优控制器与线性 PD 控制器进行对比，实际惯量为标称值，图 4-18 所示为 5°阶跃响应及控制输出。通过分析可知，线性控制方法的过渡过程时间为 210ms，近似时间最优多模复合控制方法的过渡过程时间为 120ms，响应速度提高了 42.85%。

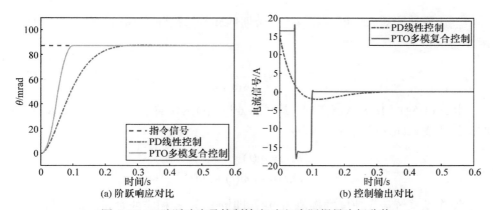

(a) 阶跃响应对比　　　　　　　　(b) 控制输出对比

图 4-18　5°阶跃响应及控制输出对比(实际惯量为标称值)

图 4-19 所示为正弦(幅值 3°、频率 3Hz)跟踪响应结果。近似时间最优多模复合控制方法的跟踪响应幅值衰减 0.37%(-0.03dB)，相位滞后 0.06°。通过分析可知，线性控制方法的跟踪响应幅值衰减 25.20%(-2.52dB)，相位滞后为 45.79°；前者具有更为优越的跟踪性能。

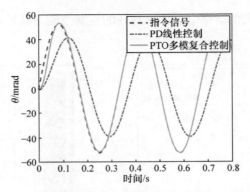

图 4-19　正弦(幅值 3°、频率 3Hz)响应对比

4.3　采用一阶惯性环节与积分器串联模型的近似时间最优控制

作动系统位置控制器输出控制电机转动时，电机控制电压至转速的传递函数近似为一阶惯性环节，因此从位置控制来看，被控对象为一阶惯性环节和积分器相串联的系统[6]。下面以上述对象为模型，讨论作动系统的时间最优控制问题。

4.3.1　时间最优控制方法

上述作动器动力学可以等效为一阶惯性环节与积分器相串联的系统，其传递函数为

$$G(s) = \frac{a}{s(s+a)} \tag{4-54}$$

将式(4-54)转化为状态方程，其状态分量 $\theta(t)$ 为位置、$\omega(t)$ 为速度，$u(t)$ 为速度的指令输入即速度给定信号，可得

$$\begin{cases} \dot{\theta}(t) = \omega(t) \\ \omega(t) = -a\omega(t) + au(t) \end{cases} \tag{4-55}$$

设作动系统最大速度的幅值为 ω_m，即 $|u| \leqslant \omega_m$。相应的时间最优控制问题为求最优的 $u^*(t)$，使下式最小，即

$$\min_{u(t)} J = \int_0^{t_f} \mathrm{d}t \tag{4-56}$$

与前面类似，先考虑调节问题。对于调节系统，时间最优控制的目标是通过设计控制 $u(t)$，使系统从初态调整到状态空间原点的时间最短。构造对应的

Hamilton 函数，即

$$H(x(t),u(t),\lambda(t),t) = 1 + \lambda_1(t)\omega(t) + \lambda_2(t)(-a\omega(t) + au(t)) \tag{4-57}$$

其中，$x(t) = [\theta(t),\omega(t)]^{\mathrm{T}}$；协态方程为

$$\begin{cases} \dot{\lambda}_1(t) = -\dfrac{\partial H}{\partial \theta} \Rightarrow \dot{\lambda}_1(t) = 0 \\[2mm] \dot{\lambda}_2(t) = -\dfrac{\partial H}{\partial \omega} \Rightarrow \dot{\lambda}_2(t) = -\lambda_1(t) + a\lambda_2(t) \end{cases} \tag{4-58}$$

可得

$$\begin{cases} \lambda_1(t) = C_1 \\[2mm] \lambda_2(t) = C_2 e^{at} + \dfrac{C_1}{a} \end{cases} \tag{4-59}$$

其中，C_1 和 C_2 为常量。

由最小值原理可知，要使 Hamilton 函数最小，则

(1) 当 $\lambda_2(t) > 0$ 时，取 $u^*(t) = -\omega_m$。

(2) 当 $\lambda_2(t) < 0$ 时，取 $u^*(t) = \omega_m$。

当 $u^*(t) = -\omega_m$ 时，对初始状态 (θ_0,ω_0)，可得

$$a(\theta - \theta_0) + \omega - \omega_0 - \omega_m \ln \frac{\omega + \omega_m}{\omega_0 + \omega_m} = 0 \tag{4-60}$$

式(4-60)表示系统的初态 (θ_0,ω_0) 在控制量 $u(t) = -\omega_m$ 作用下运动的曲线族。其中通过原点的时间最优控制轨线为

$$-\omega_m \ln \frac{\omega_m}{\omega_0 + \omega_m} = a\theta_0 + \omega_0 \tag{4-61}$$

即时间最优控制的最优切换轨线，其方程可改写为

$$a\theta + \omega - \omega_m \ln\left(1 + \frac{\omega}{\omega_m}\right) = 0 \tag{4-62}$$

式(4-62)中取 $\omega > 0$ 的部分，为切换轨线 S_1 上的任一状态都可在负向最强控制作用 $-\omega_m$ 的作用下，制动到位置误差与速度误差同时为零的状态，即系统状态沿最优相轨迹移动到原点。同理，当 $u(t) = +\omega_m$ 时，与 S_1 中心对称的另一条最优切换轨线 S_2 为

$$a\theta + \omega + \omega_m \ln\left(1 - \frac{\omega}{\omega_m}\right) = 0, \omega < 0 \tag{4-63}$$

如图 4-20 所示，切换轨线 S_2 上的任一状态都可以在正向最强控制作用 $u(t) =$

$+\omega_m$ 的作用下，制动到速度为 0 时，位移也同时为 0。

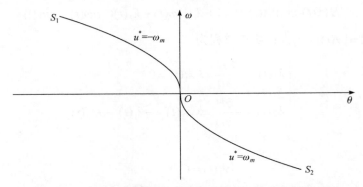

图 4-20　积分器与一阶惯性环节串联系统时间最优切换轨线

在实际系统中，因为存在速率饱和特性，所以实际切换轨线也有所改变。由此可得如下时间最优控制律。

(1) 当状态 (θ,ω) 在切换轨线 S_1 上或 S_1、S_2 上方时，取控制量 $u(t)=-\omega_m$。系统按式(4-62)确定的曲线族向切换线 S_2 运动(图 4-21 中切换线上方的虚曲线族)。若速度出现饱和，则系统按饱和速度 $-\omega_m$ 运动到切换线 S_2。

(2) 当状态 (θ,ω) 在切换轨线 S_2 上或在 S_1、S_2 下方时，取控制量 $u(t)=+\omega_m$。系统按图 4-21 中切换线下方的虚曲线族运动。当速度达到饱和时，系统按饱和速度 $+\omega_m$ 运动到切换线 S_1。

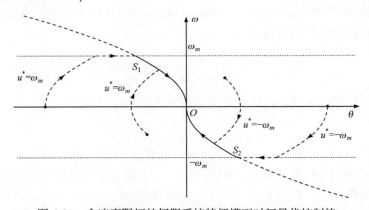

图 4-21　含速度限幅的伺服系统特征模型时间最优控制律

4.3.2　近似时间最优控制方法

在实际系统中，当系统参数发生扰动或存在未建模动态时，系统的实际最优轨线与标称最优轨线会发生偏离，使调节时间增加、超调变大，导致系统的控制性能严重下降[7]。为解决该问题，同样将上述最优切换轨线拓宽为次优切换区(图 4-22)克服 Bang-Bang 控制的不足，提高系统鲁棒性；让系统误差趋向零的轨线处于切换区内，在保证系统快速响应的同时，可以避免抖振和超调。当系统状态在切换区内，且位置误差小于设定阈值时，切换为线性控制，可以使系统具有优良的平稳性和控制精度[8]。

在构造次优切换区时，可以结合上面介绍的方法。如图 4-22 所示，次优切换区由 S_1 与 S_1^L 围成的区域和 S_2 与 S_2^L 围成的区域组成(图中深色部分)，线性区为 $|\theta| < d$ 的部分(图中浅色部分)。其中，切换区边界 S_1^L 应满足当 $\theta < -d$ 时，其上的状态点 (θ,ω) 在 $u(t) = \omega_m$ 的作用下经过一个控制周期 T_s 后，状态点 $(\tilde{\theta},\tilde{\omega})$ 非常接近 S_1，但是仍然处于标称时间最优切换线 S_1 的下方或 S_1 上。同理，当 $\theta > d$ 时，S_2^L 应满足状态点 (θ,ω) 在 $u(t) = -\omega_m$ 的作用下经过一个控制周期 T_s 后的状态点 $(\tilde{\theta},\tilde{\omega})$ 非常接近 S_2，但是仍然处于标称时间最优切换线 S_2 的上方或 S_2 上。因此，实际系统状态一定会进入切换区内。

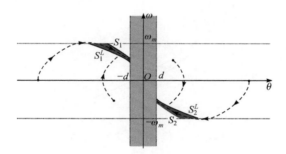

图 4-22　次优切换区与线性区示意图

与前面类似，控制切换轨线和系统状态轨线均是中心对称的，因此只需分析左半平面或右半平面的情形，状态处于另外半个平面时只需做旋转变化即可。下面对右半平面的情形进行分析说明。假设状态在次优切换区边界 S_2^L 上方，控制量 $u(t) = -\omega_c$，则有

$$a\theta + \omega + \omega_c \ln\left(1 - \frac{\omega}{\omega_c}\right) = 0 \tag{4-64}$$

根据系统动力学方程，当系统以 $u(t) = -\omega_m$ 运动到 S_2^L 时，其状态由 (θ,ω) 再经过一个控制周期 T_s 后变化到 $(\tilde{\theta},\tilde{\omega})$，可得

$$\begin{aligned} \tilde{\theta} &= \theta - \omega_m T_s + \frac{1}{a}(\omega + \omega_m)(1 - e^{-aT_s}) \\ \tilde{\omega} &= \omega e^{-aT_s} - \omega_m(1 - e^{-aT_s}) \end{aligned} \tag{4-65}$$

根据式(4-64)给出的 θ 与 ω 的约束关系，解式(4-65)可得 $(\tilde{\theta},\tilde{\omega})$ 满足 $\tilde{S}_2$，即

$$a\tilde{\theta} + \tilde{\omega} + \omega_c \ln\left(1 - \frac{\tilde{\omega}}{\omega_c}\right) = -a\omega_m T_s \tag{4-66}$$

式(4-66)表示 S_2^L 上状态 (θ,ω) 在 $u(t)=-\omega_m$ 作用下经过一个控制周期 T_s 后到达状态 $(\tilde{\theta},\tilde{\omega})$ 构成的轨线。由式(4-66)可知，曲线 $\tilde{S}_2$ 由 S_2^L 在 θ 方向平移 $-\omega_m T_s$ 得到，与 S_2^L 具有相同的开口大小。为避免数字控制器控制不连续导致的控制无法准确切换，需要保证所有的 $(\tilde{\theta},\tilde{\omega})$ 均在次优区内，即 $\tilde{S}_2$ 在 $\tilde{\theta} > d$ 的部分必须均在标称最优轨线 S_2 的上方(图 4-23)，因此设 S_2 与 $\tilde{S}_2$ 相交于线性区的边界。根据式(4-62)、式(4-66)和线性区范围 d，可确定沿次优切换区边界 S_2^L 运动的控制量下界值 $u(t)=\omega_c$，从而得到 S_2^L 的表达式。

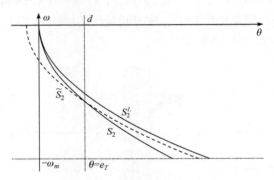

图 4-23　次优切换区边界位置关系

综上，可建立如下近似时间最优控制方法和控制律。

(1) 状态 (θ,ω) 在切换区上部时，取控制量 $u^*(t)=-\omega_m$，即 $\omega^*=-\omega_m$。

(2) 状态 (θ,ω) 在 S_2 上或 S_2 下方时，取控制量 $u^*(t)=+\omega_m$，即 $\omega^*=+\omega_m$。

(3) 状态 (θ,ω) 在第四象限 S_2 与 S_2^L 围成的次优切换区内时，控制量 $u(t)=\omega_c$ 由下式确定，即

$$a\theta + \omega + \omega_c \ln\left(1 - \frac{\omega}{\omega_c}\right) = 0 \tag{4-67}$$

其取值范围 $\omega_c \in [\omega_0, \omega_m]$。

(4) 状态 (θ,ω) 在次优切换区内，且位置误差小于 d 时，采用线性控制(如 PD 控制)，使微小误差快速平稳地向零状态收敛。

线性区范围 d 根据不同的控制性能要求确定，其数值也会影响系统的调节时间。如果 d 的取值过大，同时次优切换区的范围也增大，次优区的扩大将导致最

优控制区范围减小，调节时间变长。如果线性区 d 的取值太小，可能导致控制模式来回切换。

近似时间最优控制方法包含 Bang-Bang 最优控制到次优控制的切换和次优控制到线性控制的切换。由于上述切换区和线性区通过系统的运动状态确定，因此必须确保切换的稳定性。采用最优控制律时 $u(t) = -\omega_m$，系统运动状态穿过轨线 S_2^L 进入切换区。由式(4-65)和式(4-66)可知，在系统运动状态刚进入切换区后的第一个控制周期内，应满足

$$a\theta + \omega + \omega_c \ln\left(1 - \frac{\omega}{\omega_c}\right) \geqslant -a\omega_m T_s \tag{4-68}$$

可以看出，当系统以确定的控制周期进入切换区后，其运动状态不会穿越出切换区，可以避免振荡或者极限环的产生。在切换区内，控制输入切换为 $u(t) = \omega_c$，ω_c 由式(4-67)确定，系统运动状态将沿式(4-67)给出的状态轨迹运动，从而保证切换控制的稳定性。

4.3.3　在高带宽直线机电作动系统中的应用

以图 3-21 所示的 10kW 直线机电作动系统为例，以小幅阶跃指令、大幅阶跃指令、斜坡指令和正弦指令为输入，对比分析其与时间最优控制方法的优劣。作动系统的行程为–50mm～+50mm、最大速度为300mm/s、速度响应带宽为30Hz，根据上述参数可以确定以一阶惯性环节串联饱和非线性环节表征的作动系统内环特征模型[8]，即一阶惯性环节通频带 $a = 2\pi \times 30$ rad/s、速率饱和限幅 $\omega_m = 300$ mm/s、控制周期 $T_s = 2$ms。时间最优控制参数的最大控制量幅值 $\omega_m = 300$ mm/s，多模复合控制时，取线性控制切换阈值为行程的1%，即 $|\theta| < d = 0.5$ mm，线性区内采用 PD 控制。

1. 小幅阶跃指令

位置指令为幅值 5mm 的阶跃信号(行程的 10%)，时间最优和近似时间最优控制律下位置响应和系统状态轨迹如图 4-24 所示。

由图 4-24 可以看出，时间最优控制响应迅速，但是控制的非连续导致无法准确切换，存在明显的超调，并且稳态存在极限环，振荡幅值达到 0.1mm；近似时间最优多模复合控制与时间最优控制相比，具有与时间最优控制几乎一致的动态过程，但是制动阶段和进入稳态后无超调和振荡，控制精度也更高。

2. 大幅阶跃指令

位置指令为幅值 30mm 的阶跃信号(行程的 60%)，时间最优和近似时间最优控制下位置响应和速度响应如图 4-25 所示。

由图 4-25 可以看出，在输入为大幅阶跃指令时会出现速率饱和。在加速及制

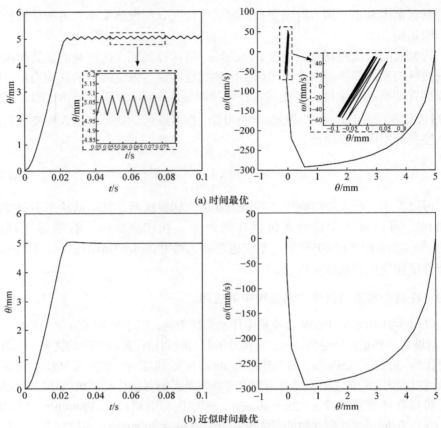

(a) 时间最优

(b) 近似时间最优

图 4-24 时间最优和近似时间最优控制下位置响应和系统状态轨迹

动阶段，系统等效为开环控制。时间最优控制具有最快的加、减速性能，但是存在明显的超调和抖振，在期望位移附近存在极限环；近似时间最优控制与时间最优控制相比，加减速性能略微有降低，但是可以消除超调和抖振现象，误差能平

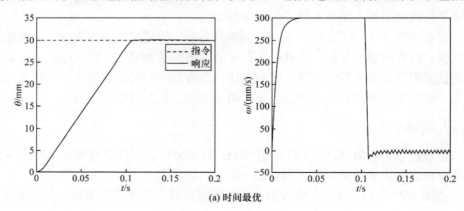

(a) 时间最优

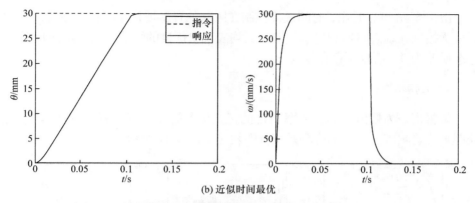

(b) 近似时间最优

图 4-25　时间最优和近似时间最优控制下位置响应和速度响应

滑地趋于 0。

3. 斜坡指令

位移指令为从 0mm 以 200mm/s 匀速运动到 30mm 的斜坡信号，时间最优和近似时间最优控制下位移响应、速度响应和系统状态轨迹如图 4-26 所示。

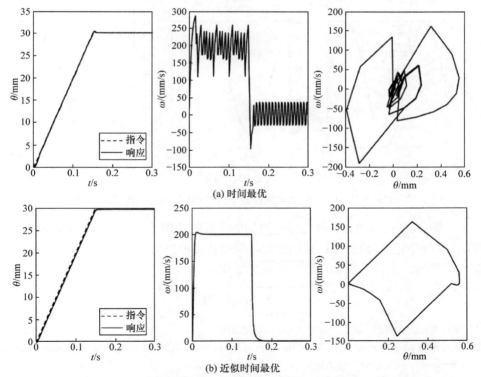

图 4-26　时间最优和近似时间最优控制下位移响应、速度响应和系统状态轨迹

由图 4-26 可以看出，时间最优控制在跟踪位置斜坡指令时存在振荡，近似时间最优控制在动态特性和稳态性能方面均表现出优良的性能，跟踪迅速且平稳，稳态误差为 0，而且不存在振荡。

4. 正弦指令

位置指令为幅值 5mm、频率 5Hz 的正弦指令信号，时间最优和近似时间最优控制下位置响应、速度响应和系统状态轨迹如图 4-27 所示。

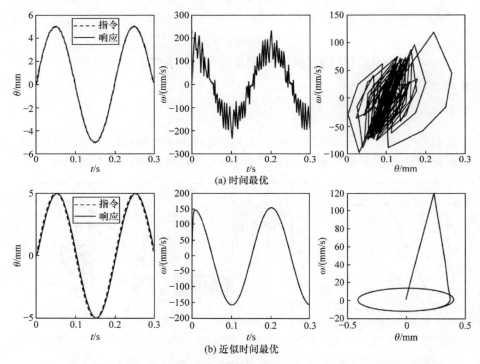

图 4-27　时间最优和近似时间最优控制下位置响应、速度响应和系统状态轨迹

由图 4-27 可以看出，时间最优控制下位置跟踪误差较小，但速度存在明显的波动，存在高频抖振现象；采用近似时间最优多模复合控制后，位置、速度的响应均很平滑，无抖动现象，整体性能更加优异。

参 考 文 献

[1] 钟宜生. 最优控制. 北京: 清华大学出版社, 2015.

[2] Workman M L, Kosut R L, Franklin G F. Adaptive proximate time-optimal servomechanisms: Continuous-time case// American Control Conference, Minnesota, 1987: 589-594.

[3] Workman M L, Kosut R L, Franklin G F. Adaptive proximate time-optimal servomechanisms:

Discrete-time case// The 26th IEEE Conference on Decision and Control, Los Angeles, 1987: 1548-1553.

[4] 朱纪洪, 胡维礼, 郭治, 等. 一种鲁棒时间最优控制器// 中国控制会议, 合肥, 1994: 258-261.

[5] 朱纪洪, 单甘霖, 郭治, 等. 一种快速高精度伺服系统控制算法// 中国控制与决策学术年会, 沈阳, 1994: 1296-1299.

[6] 朱纪洪, 和阳, 黄志毅. 舵机特征模型及其故障检测方法. 航空学报, 2015, 36(2): 640-650.

[7] Dhanda A, Franklin G F. An improved 2-DOF proximate time optimal servomechanism. IEEE Transactions on Magnetics, 2009, 45(5): 2151-2164.

[8] 杨赟杰, 朱纪洪, 和阳. 近似时间最优的舵机多模位置控制策略. 控制理论与应用, 2018, 35(4): 468-474.

第 5 章　容错永磁同步电机模型及其高功率因数控制

为实现高性能速度及电流控制，本章构建新型容错永磁同步电机的数学模型，阐明容错电机各相绕组与电机动力学之间的物理关系。这有利于高动态伺服控制律的设计，以及容错控制策略的实现。结合建立的数学模型，对速度控制器采用含独立坐标变换的多环复合控制方式，解决传统控制方法无法独立控制各相分量的问题，提高电机的动态特性。为了实现高效率驱动，对容错永磁同步电机的运行特性进行深入研究。在此基础上，针对容错永磁同步电机在高速运行时，高频交变电流产生较大相移导致的功率因数下降、驱动电流增大、效率降低的问题，提出电流相位自适应复合控制方法。其中，控制器以直流母线电流和电机转速为辅助变量，根据控制电压自适应调节电流相位角。同时，结合内功率因数角闭环控制，实现电流相位角的快速精准补偿，达到内功率因数角近似等于 1 的理想状态。此外，本章还提出内功率因数角的容错检测方法，进一步提高算法的鲁棒性。

5.1　容错永磁同步电机模型

作者团队研制的一种容错永磁同步电机(四相)结构及其定子实物如图 5-1 所示[1]。与传统电机的分布式叠绕组不同，容错永磁同步电机的绕组集中绕在一个定子齿上，组间由容错齿隔离，能够实现磁路、热量、空间上的近似完全隔离。某一相绕组故障对其他相的影响很小，因此可以提高系统的可靠性[2,3]。

(a)　　　　　　　　　　　　　　(b)

图 5-1　容错永磁同步电机结构及其定子实物

绕组间的容错齿，既可以对绕组起到隔离作用，又可以作为磁链通路，使相与相之间的磁场几乎完全解耦。该电机的特点在于相间互感很小，隔离性好，但是电机相自感较大。以 A 相为例，如图 5-2 所示，互感约占自感的 3.2%。由于各相绕组独立，因此可将容错永磁同步电机的数学模型采用图 5-3 所示的结构表示。该模型将每相绕组看作一个独立的输出回路。每相控制电压经过相电压到转矩的变换支路，得到每相绕组独立的电磁转矩，再经转矩合成器合成电机输出转矩。该转矩作用于电机转子，并根据电机转子转动动力学得到转子角加速、角速度及转子位置响应。电机反电动势根据电机转速，经独立的电势反馈支路反馈至每相输入端[4]。

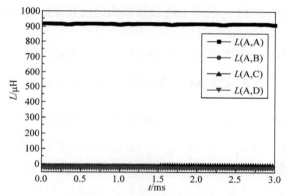

图 5-2　A 相自感及与其他相的互感

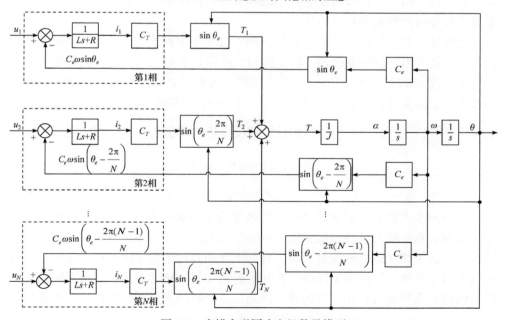

图 5-3　容错永磁同步电机数学模型

上述容错永磁同步电机新型表征模型由 N 个相电压-转矩的变换支路、一个转矩合成器、一个加速度比例环节、一个加速度积分环节、一个速度积分环节和 N 个反电势反馈支路组成。相电压到转矩的变换支路包含一个减法器、一个惯性环节、一个比例环节和一个转矩旋转变换器。其中，电机各相输入的控制电压 u_X 减去反电势 e_X 就是各相的电枢电压。一阶惯性环节表征电枢的动力学方程，其传递函数为 $1/(Ls+R)$，L 和 R 分别为电枢电感和电枢电阻。电枢电压经过上述惯性环节得到各相电流 i_X，其中 X 代表电机的第 X 相绕组，可以取 $1,2,\cdots,N$。该相电流经过转矩比例环节后，可以得到各相电磁转矩幅值 $C_T i_X$。转矩比例环节的系数 C_T 表示电机的转矩常数。各相电磁转矩幅值经过转矩旋转变换器，可以得到各相实时转矩 T_X。

表征模型中的转矩合成器将 N 个相电压至转矩的输出进行叠加，得到电机的输出转矩 $\sum\limits_{X=1}^{N} T_X$。该转矩克服负载力矩并使电机转子产生角加速度 α，经过积分环节后可以得到电机转子角速度 ω。力矩经过加速度比例环节 $\dfrac{1}{J}$，可以得到力矩与角加速度的动力学关系，其中参数 J 为电机转子端的等效转动惯量。

表征模型中的反电势反馈支路由一个反电势比例环节和一个电势旋转变换器构成。比例环节表征反电势与转速之间的关系。比例系数 C_e 由电机反电势常数确定。电机转子角速度 ω 经过反电势比例环节得到各相反电势幅值 $C_e\omega$，进而经过电势旋转变换器得到各相反电势 e_X。

电机转子角速度 ω 经过积分环节得到电机转子位置角 θ，并实时反馈至转矩旋转变换器和电势旋转变换器。转矩旋转变换器和电势旋转变换器均为电机转子位置电角度 θ_e 和各相相位角 ϕ_X 的正弦函数，其数学表达式为 $\sin(\theta_e+\phi_X)$。对于两相正交的同步电机，$\phi=-\pi/2$；对于 N 相电机(相邻两相相位差相同，$N\geqslant 3$)，$\phi_X=-\dfrac{2\pi}{N}\times(X-1)$。由此可得各相转矩和反电势的数学表达式，即

$$T_X = C_T i_X \sin(\theta_e+\phi_X) \tag{5-1}$$

$$e_X = C_e \omega \sin(\theta_e+\phi_X) \tag{5-2}$$

这种同步电机新型表征模型可以清晰地表征各相控制电压-电流-转矩和总转矩的物理关系，同时反映电机多输入单输出的系统特性。每相绕组均是单输入单输出系统，是相互独立的控制回路，有利于准确高效地设计控制律。总转矩是每相绕组力矩之和，逻辑关系简单，有利于容错控制策略的设计，提高系统的可靠性。该模型能够实现每相绕组的独立控制，适合容错永磁同步电机这一类各相独

立且解耦的同步电机，为容错控制的设计与实现奠定了基础。

5.2 容错永磁同步电机矢量复合控制

容错永磁同步电机的转速控制通常采用多闭环嵌套的线性控制结构，通过建立转速环和电流内环对控制误差进行调节。该方法存在如下三个问题。

(1) 该结构仅依据运动学特性进行设计，并未很好地利用被控电机的动力学特征。

(2) 控制器的设计与参数整定虽然无须关注被控电机的数学模型，但是通常在采用误差线性调节时，必须引入积分环节才能实现输出的无差调节。

(3) 纯反馈结构需要输出量发生变化并形成偏差，才能实施纠正偏差的输出，存在参数整定困难的问题，在高动态特性和宽稳定裕度的实现上很难兼顾。

为了克服这些问题，实现不同转速的自适应和高动态，本节提出含旋转变换的容错永磁同步电机复合控制结构(图 5-4)。该结构由 1 个速度前馈控制器、1 个速度反馈控制器、N 个相电流控制器构成[5]。

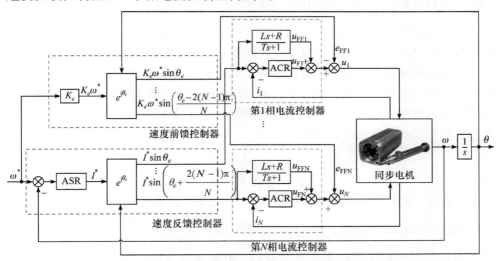

图 5-4 含旋转变换的同步电机复合控制结构

5.2.1 含旋转变换的转速复合控制器

转速复合控制器由速度前馈控制器和速度反馈控制器组成。速度前馈控制器包含一个比例环节和一个电势旋转变换器。其中，比例环节系数 K_e 由容错永磁同步电机反电动势常数确定。速度前馈控制器的输入是电机速度外部参考指令 ω^*。该指令经过比例环节可以得到速度前馈控制电压幅值 $K_e\omega^*$。前馈控制电压幅值经过电势旋转变换器可以得到 N 个绕组的速度前馈控制电压 e_{FFX}。

速度反馈控制器包含 1 个减法器、1 个误差线性调节器和 1 个电流旋转变换器。电机转速的跟踪误差经过误差线性调节器，得到与所需力矩成正比的相电流给定输入的幅值 I^*。该幅值经过相电流旋转变换器得到 N 个相电流给定输入 i_X^*。

电势旋转变换器和电流旋转变换器均为电机转子位置 θ_e 和各相相位 ϕ_X 的正弦函数。为了提高电机的内功率因数，达到各相电流与反电势同相的目的，电势旋转变换器和电流旋转变换器应该具有相同的数学表达式，即 $\sin(\theta_e + \phi_X)$。对于两相同步电机，$\phi_0 = 0$、$\phi_1 = -\pi/2$；对于多相电机，各相的相位为 $\phi_X = \left(-\dfrac{2\pi}{N}\right) \times (X - 1)$，$X = 1, 2, \cdots, N$ 表示电机的相序。各绕组的速度前馈控制电压和相电流参考输入的数学表达式为

$$e_{\mathrm{FFX}} = K_e \omega^* \sin(\theta_e + \phi_X) \tag{5-3}$$

$$i_X^* = I^* \sin(\theta_e + \phi_X) \tag{5-4}$$

5.2.2　含前置滤波的相电流复合控制器

相电流控制器作为内环控制器，由 N 个复合控制器独立控制相电流。每个相电流复合控制器均由一个相电流前馈控制器和一个相电流反馈控制器组成。

相电流前馈控制器是一个超前网络，其分子部分由容错永磁同步电机电枢数学模型得到，数学表达式为 $Ls + R$。由于超前网络中含有微分环节，引入该环节会放大输入噪声。因此，需要设计滤波网络，避免输入噪声对控制性能的影响。取相电流前馈控制器的传递函数为

$$G(s) = \frac{Ls + R}{Ts + 1} \tag{5-5}$$

其中，T 为一阶惯性环节的时间常数；L 为相电感；R 为相电阻。

低通滤波器时间常数 T 的取值范围一般设为 $\dfrac{L}{10R} < T < \dfrac{L}{5R}$。

电流控制一般采用离散数字控制器，电机本身为连续控制对象，因此电机伺服系统实际是连续信号和离散信号混合的采样控制系统。利用双线性变换可以实现上述前馈控制器离散化，得到电流前馈控制器(5-5)在离散域的传递函数，即

$$G(z) = \left.\frac{Ls + R}{Ts + 1}\right|_{s = \frac{2}{T_s}\frac{z-1}{z+1}} = \frac{(2L + RT_s)z + (RT_s - 2L)}{(2T + T_s)z + (T_s - 2T)} \tag{5-6}$$

其中，T_s 为采样及控制周期。

相电流参考输入 i_X^* 经过相电流前馈控制器，可以得到相电流前馈控制电压 u_{FFX}。其数学表达式为

$$U_{FFX}(z) = \frac{(2L + RT_s) + (RT_s - 2L)z^{-1}}{(2T + T_s) + (T_s - 2T)z^{-1}} I_X^*(z) \tag{5-7}$$

将式(5-7)转化为差分方程，可以得到相电流前馈控制量的数学表达式，即

$$u_{FFX}(k) = \frac{2L + RT_s}{2T + T_s} i_X^*(k) - \frac{2L - RT_s}{2T + T_s} i_X^*(k-1)$$
$$+ \frac{2T - T_s}{2T + T_s} u_{FFX}(k-1) \tag{5-8}$$

相电流反馈控制器采用传统的线性误差反馈控制，包含一个减法器和一个误差线性调节器。电流参考输入 i_X^* 与实测相电流 i_X 的误差经过误差线性调节器，得到相电流反馈控制电压 u_{FX}。N 个相电流控制器输出 N 个相电流反馈控制电压 u_{FX} 和 N 个相电流相位超前前馈补偿电压 u_{FFX}。

将每相的转速前馈控制量 e_{FFX}、相电流反馈控制量 u_{FX} 和相电流前馈控制量 u_{FFX} 求和，可以得到同步电机 N 个绕组的各相实时控制电压 u_X，即

$$u_X = u_{FFX} + u_{FX} + e_{FFX} \tag{5-9}$$

5.3 容错永磁同步电机电流相位控制机理

5.3.1 容错永磁同步电机动力学特征

传统永磁同步电机各相之间的磁路耦合较强、互感大，一般无法通过独立调节相电流实现力矩的解耦控制，必须利用旋转坐标变换在转子 d-q 坐标下实现解耦控制。

上述容错永磁同步电机是各相磁路接近解耦的永磁同步电机，互感近似为零，不存在传统永磁同步电机中各相绕组间的强耦合特性。容错永磁同步电机电枢磁场在空间上互相独立，具有多个单相脉振磁场，与转子永磁磁场相互作用产生独立的脉振电磁转矩。各单相电磁转矩经叠加后得到电机的输出电磁转矩[3]。

结合 5.1 节的分析，容错永磁同步电机的动力学模型可以表示为

$$J\ddot{\theta} + B\dot{\theta} + T_L = \sum_{X \in S} K_X i_X \tag{5-10}$$

其中，θ 为转子机械位置角；J 为转子端等效转动惯量；B 为电机阻尼系数；T_L

为负载转矩；$S = \{X | X = 1, 2, \cdots, N\}$ 为相绕组的集合；i_X 为第 X 相相电流；K_X 为力矩系数，是各相瞬时电磁力矩与相电流的比值，即

$$K_X = K_M \sin\left(\theta_e + \frac{2(X-1)\pi}{N}\right) \tag{5-11}$$

其中，θ_e 为转子电角度；K_M 为峰值力矩系数。

式(5-10)表征电机系统的转矩关系，等号左边为机械转矩，右边为电磁转矩。假设容错永磁同步电机某相绕组的永磁磁链分量为

$$\Psi = \sqrt{2}\Psi_p \cos\theta_e \tag{5-12}$$

其中，Ψ_p 为各单相永磁磁链的有效值。

当绕组通以正弦电流 i，即

$$i = \sqrt{2}I_{\mathrm{rms}} \sin(\omega_s t + \theta_0) \tag{5-13}$$

其中，I_{rms} 为各相电流的有效值；ω_s 为电流角频率；θ_0 为转子初始位置角(电角度)。

该相电流在永磁磁场下产生的脉振电磁转矩为

$$T_X = 2n_p\Psi_p I_{\mathrm{rms}} \sin(\omega_s t + \theta_0)\cos\theta_e \tag{5-14}$$

其中，X 为电机相序；n_p 为极对数。

当具有四相对称绕组的容错永磁同步电机通入四相对称电流时，电机输出转矩等于各相脉振转矩的叠加，即

$$T_e = T_A + T_B + T_C + T_D = 4n_p\Psi_p I_{\mathrm{rms}} \sin(\omega_s t - \theta_e + \theta_0) \tag{5-15}$$

其中，A、B、C、D 为第一相至第四相绕组。

根据转子位置同步控制各相电流的相位角，使其与该相反电势同相时，式(5-15)可简化为

$$T_e = 4n_p\Psi_p I_{\mathrm{rms}} \tag{5-16}$$

由此可知，容错永磁同步电机可由多个独立的单相脉振磁场完成能量的转换并输出转矩。容错永磁同步电机可以通过独立控制各相电流完成对各相转矩的独立控制。

5.3.2　容错永磁同步电机单相通电时运行特性

容错永磁同步电机具有各相互感近似为零的特点，为提高系统容错能力采用各相独立驱动，因此需要在定子坐标系下分析不同通电情况时能量交换的机理，为得到用母线电流、转速等参量表征的电流相位角的动力学模型奠定基础。容错

永磁同步电机单相通电时的电路原理如图 5-5 所示。

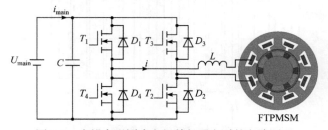

图 5-5　容错永磁同步电机单相通电时的电路原理

当容错永磁同步电机中的一相通过 H 桥供电时，设施加在相绕组上的电压基波为

$$u = \sqrt{2}U_{\text{rms}}\cos(\omega_e t) \tag{5-17}$$

其中，U_{rms} 为基波电压的有效值；ω_e 为转子的电角速度。

相绕组中的基波电流表达式为

$$i = \sqrt{2}I_{\text{rms}}\cos(\omega_e t - \varphi) \tag{5-18}$$

其中，I_{rms} 为基波电流的有效值；φ 为功率因数角。

绕组中的有功电流 i_a 和无功电流 i_r 分别为

$$\begin{bmatrix} i_a \\ i_r \end{bmatrix} = \sqrt{2}I_{\text{rms}}\begin{bmatrix} \cos\varphi & 0 \\ 0 & \sin\varphi \end{bmatrix}\begin{bmatrix} \cos(\omega_e t) \\ \sin(\omega_e t) \end{bmatrix} \tag{5-19}$$

要分析母线电流 $i_{\text{DC-link}}$ 对 u、i 的表达式时，不失一般性，以双极驱动为例，分析第 n 个 PWM 载波周期时容错永磁同步电机驱动电路的工作情况。一个电周期内控制电压与相电流的时域波形示意图如图 5-6 所示。设 PWM 载波周期为 T_s，为分析方便，根据各功率开关管，如金属-氧化物半导体场效应晶体管(metal-oxide-semiconductor field-effect transistor，MOSFET)的导通截止情况将 T_s 分为 $t_1 \sim t_2$、$t_2 \sim t_3$ 和 $t_3 \sim t_4$ 三个时间段。设 $t_1 = nT_s$、$t_4 = (n+1)T_s$、$T_1 = t_3 - t_2$，取周期 T_s 中的任意时刻为 t_m，根据式(5-17)，可得 $u_1 = \sqrt{2}U_{\text{rms}}\cos(\omega_e t_1)$、$u_2 = \sqrt{2}U_{\text{rms}}\cos(\omega_e t_2)$、$u_m = \sqrt{2}U_{\text{rms}}\cos(\omega_e t_m)$、$u_3 = \sqrt{2}U_{\text{rms}}\cos(\omega_e t_3)$、$u_4 = \sqrt{2}U_{\text{rms}}\cos(\omega_e t_4)$。

由于 PWM 的载波频率较高，载波周期 T_s 较小，因此

$$u_1 \approx u_2 \approx u_3 \approx u_4 \approx u_m \approx U_{\text{DC-link}}(2D-1) \tag{5-20}$$

其中，$U_{\text{DC-link}}$ 为直流母线电压；D 为控制电压占空比，$D = \dfrac{T_1}{T_s}$。

因此，式(5-20)可以改写为

$$2D - 1 \approx \frac{u_m}{U_{\text{DC-link}}} = \frac{\sqrt{2}U_{\text{rms}}\cos(\omega_e t_m)}{U_{\text{DC-link}}} \tag{5-21}$$

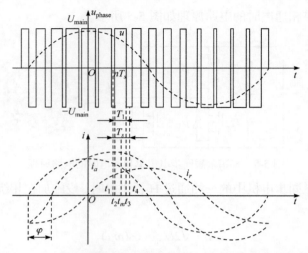

图 5-6　一个电周期内控制电压与相电流的时域波形示意图

同理，由于 PWM 的载波频率较高，载波周期 T_s 很小，因此

$$i_1 \approx i_2 \approx i_3 \approx i_4 \approx i_m \tag{5-22}$$

其中，$i_1 = \sqrt{2}I_{rms}\cos(\omega_e t_1 - \varphi)$；$i_2 = \sqrt{2}I_{rms}\cos(\omega_e t_2 - \varphi)$；$i_3 = \sqrt{2}I_{rms}\cos(\omega_e t_3 - \varphi)$；$i_4 = \sqrt{2}I_{rms}\cos(\omega_e t_4 - \varphi)$；$i_m = \sqrt{2}I_{rms}\cos(\omega_e t_m - \varphi)$。

一个 PWM 周期内的电流流向如图 5-7 所示。

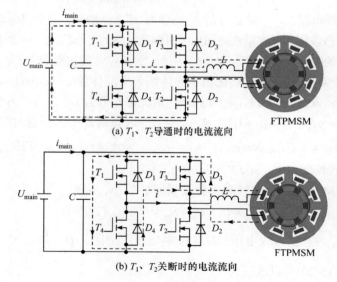

(a) T_1、T_2 导通时的电流流向

(b) T_1、T_2 关断时的电流流向

图 5-7　一个 PWM 周期内的电流流向

如图 5-7(a)所示，在 $t_2 \sim t_3$ 时间段内，T_3、T_4 截止，T_1、T_2 导通，母线电流

由电源正极经 T_1、扼流圈 L_c、容错永磁同步电机绕组和 T_2 流至电源负极，其值近似等于 i_m。如图 5-7(b)所示，在 $t_1 \sim t_2$ 和 $t_3 \sim t_4$ 时间段内，T_1、T_2 截止，T_3、T_4 的栅极虽然施加了驱动信号，但是由于扼流圈 L_c 和容错永磁同步电机绕组自感 L_s 的作用，电流不会发生突变。因此，电流由电源负极经过 D_4、扼流圈 L_c、容错永磁同步电机绕组、D_3 流入电源正极，其值近似等于 i_m。

由分析可知，在 $t_2 \sim t_3$ 时间段，电源向电感 L_c 和容错永磁同步电机提供电功率。若忽略各种损耗，则这部分电功率等于总电感的储能和容错永磁同步电机吸收的电磁功率。在 $t_1 \sim t_2$ 和 $t_3 \sim t_4$ 时间段，电感释放储能，电源吸收电功率。若忽略各种损耗，则总电感释放的储能等于电源吸收电功率和容错永磁同步电机吸收的电磁功率。因此，在周期 T_s 内，母线电流的均值为

$$\overline{i}_{\text{DC-link}} \approx \frac{T_1 i_m - (T_s - T_1)i_m}{T_s} = \left(\frac{2T_1}{T_s} - 1 \right)i_m = (2D - 1)i_m \tag{5-23}$$

由于 PWM 载波频率较高，因此在周期 T_s 内，母线电流 $i_{\text{DC-link}}$ 近似等于 $\overline{i}_{\text{DC-link}}$。根据式(5-21)和式(5-23)，可得

$$i_{\text{DC-link}} \approx \overline{i}_{\text{DC-link}} = \sqrt{2} I_{\text{rms}} \cos(\omega_e t_m - \varphi) \frac{\sqrt{2} U_{\text{rms}} \cos(\omega_e t_m)}{U_{\text{DC-link}}} \tag{5-24}$$

因为 t_m 是周期 T_{PWM} 内的任意时刻，不失一般性，若用时间变量 t 代替任意时刻 t_m，则式(5-24)可改写为

$$i_{\text{DC-link}} \approx \frac{2 U_{\text{rms}} I_{\text{rms}}}{U_{\text{DC-link}}} \cos(\omega_e t) \cos(\omega_e t - \varphi) \tag{5-25}$$

令 $\dfrac{\text{d} i_{\text{DC-link}}}{\text{d}(\omega_e t)} = 0$，则 $\sin \omega_e t \cos(\omega_e t - \varphi) + \cos \omega_e t \sin(\omega_e t - \varphi) = 0$。因此，当 $\omega_e t = \dfrac{\varphi}{2}$ 时，母线电流有最大值，即

$$\max\{i_{\text{DC-link}}\} = \frac{2 U_{\text{rms}} I_{\text{rms}}}{U_{\text{DC-link}}} \cos^2 \frac{\varphi}{2} = D_{\max} I \cos^2 \frac{\varphi}{2} \tag{5-26}$$

其中，$D_{\max}$ 为控制电压的最大占空比。

由式(5-25)可得，任意时刻电源的输出功率为

$$U_{\text{DC-link}} i_{\text{DC-link}} \approx 2 U_{\text{rms}} I_{\text{rms}} (\cos^2(\omega_e t) \cos \varphi + \cos(\omega_e t) \sin(\omega_e t) \sin \varphi) \tag{5-27}$$

令 $p = \sqrt{2} U_{\text{rms}} i_a$、$q = \sqrt{2} U_{\text{rms}} i_r$，由式(5-19)可得

$$\begin{bmatrix} p \\ q \end{bmatrix} = 2 U_{\text{rms}} I_{\text{rms}} \cos(\omega_e t) \begin{bmatrix} \cos \varphi & 0 \\ 0 & \sin \varphi \end{bmatrix} \begin{bmatrix} \cos(\omega_e t) \\ \sin(\omega_e t) \end{bmatrix} \tag{5-28}$$

对比式(5-27)，可得

$$U_{\text{DC-link}}i_{\text{DC-link}} = \sqrt{2}U_{\text{rms}}i_a + \sqrt{2}U_{\text{rms}}i_r \tag{5-29}$$

以上推导表明，电源输出的瞬时功率包含 p 和 q 两个分量，其中分量 p 为有功功率，分量 q 为无功功率。

5.3.3　容错永磁同步电机正交两相通电时运行特性

上节给出了仅有一相工作时，容错永磁同步电机的能量转换关系。本节在此基础上，对正交两相工作或四相工作时的情况进行分析。将基波相位角相差 90° 的两路 PWM 波控制的电压分别施加于容错永磁同步电机的正交两相绕组。由于绕组各相对称、PWM 波载波频率较高并串有滤波扼流圈，可以认为这两相绕组产生相位相差 90° 电角度且同样呈正弦交变的电流。设 u_{A}、u_{B} 为 A、B 两相绕组基波电压的瞬时值，其相量分别为 $\dot{U}_{\text{A}}$、$\dot{U}_{\text{B}}$，并且 $\dot{U}_{\text{A}}$ 超前 $\dot{U}_{\text{B}}$ 的相位 90° 电角度；i_{A}、i_{B} 为 A、B 两相绕组的电流瞬时值，相量为 $\dot{I}_{\text{A}}$、$\dot{I}_{\text{B}}$。$\dot{I}_{\text{A}}$、$\dot{I}_{\text{B}}$ 滞后 $\dot{U}_{\text{A}}$、$\dot{U}_{\text{B}}$ 的相位角均为 φ；$\dot{I}_{\text{A}a}$、$\dot{I}_{\text{B}a}$ 分别为 $\dot{I}_{\text{A}}$、$\dot{I}_{\text{B}}$ 的有功分量，$\dot{I}_{\text{A}r}$、$\dot{I}_{\text{B}r}$ 分别为 $\dot{I}_{\text{A}}$、$\dot{I}_{\text{B}}$ 的无功分量，则容错永磁同步电机正交两相通电时的相量图如图 5-8 所示。

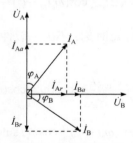

图 5-8　容错永磁同步电机正交两相通电时的相量图

设 $u_{\text{A}} = \sqrt{2}U_{\text{A}}\cos(\omega_e t)$，则有 $u_{\text{B}} = \sqrt{2}U_{\text{B}}\sin(\omega_e t)$、$i_{\text{A}} = \sqrt{2}I_{\text{A}}\cos(\omega_e t - \varphi)$、$i_{\text{B}} = \sqrt{2}I_{\text{B}}\sin(\omega_e t - \varphi)$。由于各相绕组对称，施加的正弦相电压也对称，因此 $U_{\text{A}} = U_{\text{B}} = U_{\text{rms}}$、$I_{\text{A}} = I_{\text{B}} = I_{\text{rms}}$，可得

$$\begin{bmatrix} u_{\text{A}} \\ u_{\text{B}} \end{bmatrix} = \sqrt{2}U_{\text{rms}} \begin{bmatrix} \cos(\omega_e t) \\ \sin(\omega_e t) \end{bmatrix} \tag{5-30}$$

$$\begin{bmatrix} i_{\text{A}} \\ i_{\text{B}} \end{bmatrix} = \sqrt{2}I_{\text{rms}} \begin{bmatrix} \cos(\omega_e t - \varphi) \\ \sin(\omega_e t - \varphi) \end{bmatrix} \tag{5-31}$$

$$\begin{bmatrix} i_{\text{A}a} & i_{\text{B}a} \\ i_{\text{A}r} & i_{\text{B}r} \end{bmatrix} = \sqrt{2}I_{\text{rms}} \begin{bmatrix} \cos(\omega_e t) \\ \sin(\omega_e t) \end{bmatrix} \begin{bmatrix} \cos\varphi & \sin\varphi \end{bmatrix} \tag{5-32}$$

其中，$i_{\mathrm{A}a}$、$i_{\mathrm{A}r}$ 为 i_{A} 的有功分量和无功分量的瞬时值；$i_{\mathrm{B}a}$、$i_{\mathrm{B}r}$ 为 i_{B} 的有功分量和无功分量的瞬时值。

因此，电源向容错永磁同步电机提供的瞬时功率的有功分量和无功分量为

$$\begin{bmatrix} p \\ q \end{bmatrix} = \begin{bmatrix} i_{\mathrm{A}a} & i_{\mathrm{B}a} \\ i_{\mathrm{A}r} & i_{\mathrm{B}r} \end{bmatrix} \begin{bmatrix} u_{\mathrm{A}} \\ u_{\mathrm{B}} \end{bmatrix} = \begin{bmatrix} 2U_{\mathrm{rms}}I_{\mathrm{rms}}\cos\varphi \\ 0 \end{bmatrix} \tag{5-33}$$

这表明，电源在任意时刻只向容错永磁同步电机系统提供有功功率，而没有无功功率。电机运行时，无功功率通过逆变器在各相之间互相交换。由此可得，容错永磁同步电机在正交两相运行时的能量转换关系，即

$$i_{\mathrm{DC\text{-}link}} = \frac{2U_{\mathrm{rms}}I_{\mathrm{rms}}}{U_{\mathrm{DC\text{-}link}}}\cos\varphi = D_{\max}I\cos\varphi \tag{5-34}$$

可以看出，当容错永磁同步电机在正交相通电且负载恒定的理想情况下稳态运行时，母线电流 $i_{\mathrm{DC\text{-}link}}$ 为直流量。由于电机绕组空间对称分布，在四相同时运行时，A 相和 C 相相位差 180°，因此电流幅值相同，相位相反；B 相和 D 相的工况也类似。因此，四相同时运行时，同样负载情况下各相电流仅为对应两相绕组通电时的一半，能量转换规律与正交两相运行的情况完全一致。

5.3.4　负载对相位角的影响

容错永磁同步电机带负载运行时不同相位角情况的相量图如图 5-9 所示。图 5-9(a)所示为相电流直轴分量 $\dot{I}_d = 0$ 时的情况。此时的功率角 δ（控制电压超前于反电势的相角）与功率因数角 φ 相等，相电流与反电势同相，即内功率因数角 $\psi = 0$，电机具有最小的定子电流。实际运行时，当负载增加时，需要更大的电流产生更大的电磁转矩。如果外施相电压 $\dot{U}$ 不变，如图 5-9(b)所示，在负载增加使电枢电流增大的情况下，此时电抗电压（绕组同步电抗电压和内阻压降）增加。因此，电枢相电流将滞后于反电势，并导致内功率因数角 $\psi > 0$，同时电机转速降低。

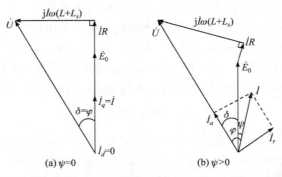

图 5-9　容错永磁同步电机带负载运行时不同相位角情况的相量图

为了保证电机仍能工作在 $\psi = 0$ 的状态，需要增大功率角 δ ，使 $\psi = 0$ ，同时需要增加相电压幅值，保持转速恒定。同理，当电机负载减小时，需要适当减少 δ 来满足 $\psi = 0$ ，并适当减小相电压幅值，维持转速恒定。

由图 5-9 可知，绕组的同步电抗与相电流基波的频率(该频率与转子电角速度相同)成正比且远大于绕组内阻及定子漏抗。如果负载力矩恒定，当外施相电压变化以调节转速时，转速的变化对电流相位角的影响较小。由图 5-9(a)可知，容错永磁同步电机在 $\psi = 0$ 时，满足

$$\begin{cases} U = \dfrac{\omega_e (L + L_s) I_q}{\sin \delta} \\ T_e = N \dfrac{n_p E_0 I_q}{\omega_e} \end{cases} \tag{5-35}$$

由式(5-35)可以得到容错永磁同步电机在 $\psi = 0$ 时的机械特性表达式，即

$$\omega = \frac{N n_p C_e U \sin \delta}{(L + L_s) T_e} \tag{5-36}$$

其中，C_e 为反电势常数；T_e 为输出的电磁力矩。

由此可知，负载的变化对内功率因数角的影响非常明显，尤其是在绕组自感较大和串联扼流圈使电抗较大时。转速的变化对内功率因数角的影响几乎可以忽略，因此通过独立控制相电压的幅值和功率角可以实现转速和电流相位角的解耦控制。

5.4 电流相位自适应复合控制策略

5.4.1 自适应前馈补偿器设计

5.3 节给出了四相容错永磁同步电机在仅有一相独立运行和正交两相或四相运行时，绕组进行能量交换的机理。容错永磁同步电机各相运行情况相似，因此任何一相均可类似表征其他相的运行情况。本节以 A 相为例，建立容错永磁同步电机电压-功率角的动力学模型，并给出采用自适应前馈补偿零内功率因数角控制策略的实现方法。图 5-10 所示为容错永磁同步电机绕组等效电路图。其电压平衡方程为

$$\dot{U} = \dot{E}_0 + \dot{I} R + \mathrm{j} \dot{I} (X_L + X_S) \tag{5-37}$$

其中，$\dot{U}$ 为相电压；$\dot{E}_0$ 为容错永磁同步电机空载相感应电动势相量；R 为回路的总电阻(包括 MOSFET 的通态电阻、串联电感电阻、电枢电阻)；X_L 为串联电抗；X_S 为电枢同步电抗。

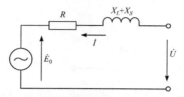

图 5-10　容错永磁同步电机绕组等效电路图

将 $\dot{I}$ 分解为平行于 $\dot{E}_0$ 方向的分量 $\dot{I}_q$ 和正交 $\dot{E}_0$ 方向的分量 $\dot{I}_d$，则 $E_0 I_q$ 为有功功率，$E_0 I_d$ 为无功功率。根据替代原理，$\dot{E}_0$ 可以用可变电阻 R_E 和 L_E 并联等效，如图 5-11(a)所示，其中 R_E 与 L_E 由 $\dot{E}_0$ 与 $\dot{I}$ 的稳态值决定，R_E 消耗有功功率 $E_0 I_q$，L_E 吸收无功功率 $E_0 I_d$。如图 5-11(b)所示，当容错永磁同步电机处于正交两相运行时，电源没有无功功率输出，各相有功功率产生独立的脉振电磁转矩，叠加作用于电机转子上。无功功率被储能元件吸收并在各相之间完成无功交换，其值随转子位置发生交变。

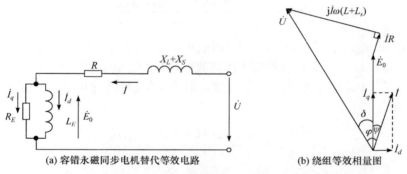

(a) 容错永磁同步电机替代等效电路　　(b) 绕组等效相量图

图 5-11　容错永磁同步电机绕组替代等效电路及相量图

为了实现容错永磁同步电机的最大转矩/电流控制，应使容错永磁同步电机的相电流与反电动势同相，即 $\psi = 0$ 或 $I_d = 0$。其绕组替代等效电路及相量图如图 5-12 所示。

调节 $\dot{U}$ 与 $\dot{E}_0$ 之间的功率角 δ 使 $\psi = 0$，此时功率角 δ 与功率因数角 φ 相等，$\dot{E}_0$ 的作用仅由电阻 R_E 等效，电感 L_E 的支路相当于开路。由相量图可得控制电压幅值 U 和相电流幅值 I 的关系，即

$$\sin|\varphi| = \frac{\omega_e I(L + L_s)}{U} = \frac{\omega_e (L + L_s)UI}{U^2} \tag{5-38}$$

当容错永磁同步电机对称运行时，各相之间完成无功交换，总的无功功率之和为零，则电源只输出各相的有功功率，即

$$U_{\text{DC-link}} i_{\text{DC-link}} = N U_{\text{rms}} I_{\text{rms}} \cos \varphi \tag{5-39}$$

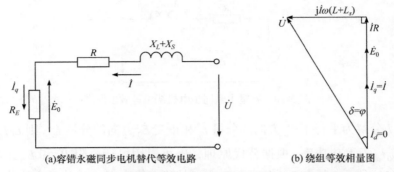

图 5-12　$\psi = 0$ 时容错永磁同步电机绕组替代等效电路及相量图

其中，N 为容错永磁同步电机工作的相数。

设 U_m 为容错永磁同步电机相电压的基波幅值，将 $U_m = \sqrt{2}U_{\mathrm{rms}}$ 代入式(5-39)解出 $U_{\mathrm{rms}}I_{\mathrm{rms}}$，并代入式(5-38)，可得

$$\sin(2|\varphi|) = \frac{4n_p\omega_e(L + L_s)U_{\mathrm{DC\text{-}link}}i_{\mathrm{DC\text{-}link}}}{NU_m^2} \tag{5-40}$$

式(5-40)给出了当 $\psi = 0$ 时，功率因数角 φ 与直流母线电压 $U_{\mathrm{DC\text{-}link}}$、母线电流 $i_{\mathrm{DC\text{-}link}}$、电角频率 ω_e，以及控制电压基波幅值 U_m 之间的关系。由于 $\psi = 0$，根据 $\psi = \varphi - \delta$，可得 $\delta = \varphi$，因此可以计算此时用于超前补偿相电流相位的功率角调节量，即

$$\delta = -\frac{1}{2}\arcsin\left(\frac{4n_p\omega_e(L + L_s)U_{\mathrm{DC\text{-}link}}i_{\mathrm{DC\text{-}link}}}{NU_m^2}\right) \tag{5-41}$$

式(5-41)给出了电流相位前馈控制器的表达式，其中控制器的输入为转速环输出的控制电压基波幅值 U_m，输出为控制电压的功率角 δ。控制器中的参数 L、L_s、$U_{\mathrm{DC\text{-}link}}$、$N$ 均为常量。

由 5.3.4 节可知，转速变化对内功率因数角的影响几乎可以忽略，同时外环转速控制的时间常数相对于内环电流相位角的控制更大。因此，可以认为转子速度 ω 在电流相位前馈控制器中是慢时变参量，实现了转速和电流相位角的静态解耦控制。$I_{\mathrm{DC\text{-}link}}$ 是母线电流的直流分量，一般情况下相电流相角控制的动态特性相比母线电流更快。因此，$I_{\mathrm{DC\text{-}link}}$ 也是慢变直流量，可以表征输入功率的大小。

5.4.2　电流相位复合控制器设计

5.4.1 节给出了以内功率因数角 $\psi = 0$ 为控制目标的自适应前馈补偿器设计方

案。该控制器以直流母线的电压、电流，以及电机转速为辅助变量，自适应调节控制系统的功率角，理论上可实现对内功率因数角的无差补偿。但是，实际系统仅采用前馈补偿器，需要测量的物理量较多，这些量不可避免地存在测量误差。同时，在不同工况下，被控电机存在参数时变、非线性等特征。因此，需要引入闭环反馈控制，实现对内功率因数角 ψ 的高精度调节。容错永磁同步电机相角复合控制框图如图 5-13 所示。

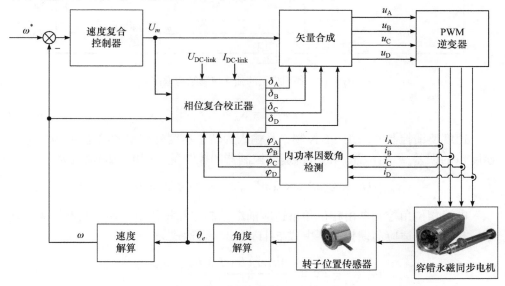

图 5-13　容错永磁同步电机相角复合控制框图

控制器整体采用双环结构，其中外环为速度复合控制器，内环为电流相位复合校正器。相位复合校正器包含四个独立的相位角控制器，其输入为速度控制器的输出电压 U，反馈输入为四个独立测量的内功率因数角 ψ_k，$k=\mathrm{A,B,C,D}$，并以电机转速 ω、母线电压 $U_{\mathrm{DC\text{-}link}}$、母线电流 $I_{\mathrm{DC\text{-}link}}$ 作为辅助参量。内功率因数角由 5.4.3 节的方法进行检测，同时通过对测量的输出设计表决面可以实现对故障的诊断，并对相关故障测量值进行隔离，实现状态重构，避免传感器故障影响控制性能。四个相位角控制器独立输出四相绕组的控制电压功率角 δ_k，再经过矢量合成器生成四相控制电压对四相绕组进行独立控制。各相绕组的独立控制结构框图如图 5-14 所示[1]。

在图 5-14 中，速度控制器由速度前馈控制器和速度闭环反馈控制器组成。其中，速度前馈控制器是一个比例环节，其输入为电机转子速度参考指令 ω^*。速度前馈控制器用于补偿电机的反电动势，比例环节的比例系数 K_E 由永磁同步电机的反电势常数 C_e 确定。因此，速度前馈补偿量为

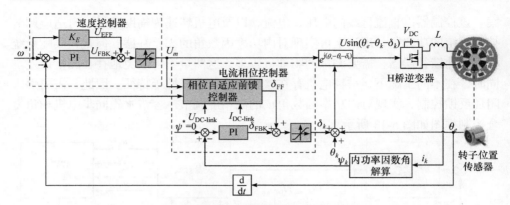

图 5-14　各相绕组的独立控制结构框图

$$u_{\text{EFF}} = K_E \omega^* \tag{5-42}$$

速度反馈控制器采用 PI 控制，其输入为转子速度外部参考给定 ω^* 与转子角速度 ω 的误差。结合式(5-42)可得速度控制器的控制量，相电压的幅值为

$$U_m = K_E \omega^* + K_p(\omega^* - \omega) + K_i \int (\omega^* - \omega)\mathrm{d}t \tag{5-43}$$

电流相位角控制器由相位角自适应前馈控制器和相位角闭环控制器构成。其中，相位角自适应前馈控制器由式(5-41)给出，表达式为

$$\delta_{\text{FF}} = -\frac{1}{2}\arcsin\left(\frac{4n_p \omega_e (L + L_s) U_{\text{DC-link}} i_{\text{DC-link}}}{N U_m^2}\right) \tag{5-44}$$

相位角闭环控制器采用 PI 控制。当以相电流与空载反电势同相为控制目标时，内功率因数角参考输入 $\psi^* = 0$，可得

$$\delta_{\text{FBk}} = k_p(\psi^* - \psi_k) + k_i \int (\psi^* - \psi_k)\mathrm{d}t \tag{5-45}$$

由此可得，第 k 相相角控制器输出的控制电压功率角，即

$$\delta_k = \delta_{\text{FF}} + \delta_{\text{FBk}} \tag{5-46}$$

为了克服电机死区特性，对转速控制器的输出设计一个具有继电特性的饱和非线性环节。该环节的引入可以避免相位角自适应前馈控制器的奇异。因此，根据式(5-43)计算的控制电压 U_m，以及式(5-46)给出的控制电压功率角 δ_k，经过矢量变换器 $e^{\mathrm{j}(\theta_e - \theta_k - \delta_k)}$，能够得到实时第 k 相电压控制量，即

$$u_k = U_m \sin(\theta_e - \delta_k - \theta_k) \tag{5-47}$$

其中，θ_k 为第 k 相的初始相位角，$\theta_k = \dfrac{(k-1)\pi}{2}$，$k = 1, 2, 3, 4$，分别对应 A, B, C, D 四相。

式(5-43)~式(5-47)给出了各相的独立控制律。采用这种控制方法,转速控制与电流相位角控制可以根据速度指令和负载的变化实现静态解耦控制。同时,电流相位角控制器以 $\psi = 0$ 为控制目标,对内功率因数角进行自适应高精度调节,可以实现机电作动系统驱动电机的高内功率因数和高效率驱动。

5.4.3   内功率因数角的容错检测方法

5.4.2 节给出了电流相位自适应前馈补偿的方法,但是实际系统中的测量误差、模型参数不准确和不确定扰动等因素会直接影响测量结果,进而影响控制效果。因此,需要引入相位角闭环反馈控制完成对电流相位的精准控制。如何精确可靠地检测内功率因数角是实现高精度闭环控制的关键。常规的内功率因数角检测需要用电流传感器对各相定子电流进行精确的实时检测,利用实时坐标变换可以得到直交轴电流 i_d 、 i_q ,进而解算内功率因数角。这种方法要求实时、精准、可靠地检测定子所有相的电流,只要一个电流传感器出现故障将导致电流检测异常,或是在有负载扰动和转子磁链波动导致相电流发生畸变的情况下,内功率因数角 ψ 的检测会出现较大的误差,直接影响系统控制性能。

根据容错永磁同步电机各相独立驱动的特点,本节给出一种内功率因数角的容错检测方法。该方法主要包括相电流过零点电角度范围的归零化算法、相电流过零点的判断方法,以及依据相电流过零时的变化量动态选择不同算法的步骤。以正交的 A、B 两相为例,内功率因数角容错检测的基本原理是通过测量各相电流过零时与理想空载反电势的相位差获得内功率因数角,内功率因数角容错检测的基本原理如图 5-15 所示。

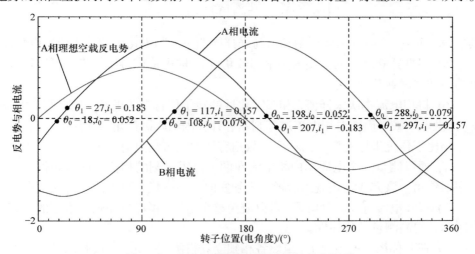

图 5-15   内功率因数角容错检测的基本原理

内功率因数角是根据各相独立测量电流过零时的相位角获得的,具体步骤如下[6]。

(1) 内功率因数角检测方法的控制器以周期 T_s 定时采样电流传感器信号，获得容错永磁同步电机的定子相电流 i_1，同时获取容错永磁同步电机的转子位置电角度 θ_e。

(2) 对一个电气周期内永磁同步电机定子相电流的正负向两个过零点的角度范围进行归零化处理得到 θ_{e1}，使正向过零点所在的 $[270°, 90°)$ 和反向过零点所在的 $[90°, 270°)$ 的转子位置电角度均映射到 $[-90°, 90°)$。这样可以保证由正反两个过零点计算相电流与空载反电势的相位差时，具有相同的计算结果。对于两相电机 A 相绕组，当 $\theta_e \in [0°, 90°)$ 时，$\theta_{e1} = \theta_e$；当 $\theta_e \in [90°, 270°)$ 时，$\theta_{e1} = \theta_e - 180°$；当 $\theta_e \in [270°, 360°)$ 时，$\theta_{e1} = \theta_e - 360°$。对于 B 相绕组，当 $\theta_e \in [0°, 180°)$ 时，$\theta_{e1} = \theta_e - 90°$；当 $\theta_e \in [180°, 360°)$ 时，$\theta_{e1} = \theta_e - 270°$。对于 N 相电机($N \geqslant 3$)的第 k 相，令 $\theta_e' = \theta_e - (k-1) \times 360° / N$，按两相电机 A 相的归零化方法，用 θ_e' 替代 θ_e 进行计算，可以得到归零化后转子位置电角度 θ_{e1}。

(3) 判断相电流过零点。将前一控制周期的相电流 i_0 与当前控制周期的相电流 i_1 进行比较。当符号相异时，计算相电流的变化量 $\Delta i = i_1 - i_0$，执行(4)；否则，执行(6)。

(4) 当满足(3)的条件时，根据相电流变化量绝对值 $|\Delta i|$ 是否超过预设的电流变化量阈值 i_{Th}，计算第 k 相内功率因数角 ψ_k，计算公式为

$$\begin{cases} \psi_k = \dfrac{i_1 \times \theta_{e0} - i_0 \times \theta_{e1}}{\Delta i}, & |\Delta i| > i_{Th} \\ \psi_k = \dfrac{\theta_{e0} + \theta_{e1}}{2}, & |\Delta i| \leqslant i_{Th} \end{cases} \tag{5-48}$$

其中，θ_{e0} 和 θ_{e1} 为前一采样周期和当前采样周期所测归零化后的转子位置电角度。

(5) 根据独立测量的各相内功率因数角 ψ_k，取中值或者比较表决可以得到电机的内功率因数角 ψ。

(6) 将相电流本次采样值 i_1 和归零化后的转子位置电角度 θ_{e1} 分别保存为 i_0 和 θ_{e0}，供下一采样周期对相电流过零判断和计算内功率因数角时使用。

相比于传统坐标变换，内功率因数角容错检测方法具有如下优点。

(1) 通过测量一个电周期内相电流在两个过零时刻的相位，即可获得该相内功率因数角。该方法物理概念清晰，无须实时坐标变换，可以降低算法复杂度。

(2) 仅在电流过零时刻解算，可以避免整个电周期内，电流畸变引起的解算误差问题，提高测量的鲁棒性。

(3) 在对称运行的情况下，虽然各相独立获得测量结果，但反映的是同一电机的同一运行参数。因此，各相测量结果在正常情况下相近，一旦某相测量结果相差较大，则说明出现故障。不同相独立检测的若干结果可取中值或比较表决，可

以避免电流传感器故障导致的检测异常问题，在不增加硬件的情况下提高测量的可靠性和容错性能。

　　(4) 考虑采样的离散性，根据相电流过零时变化的快慢，在高速和重载情况下选择插值算法，在低速和轻载情况下选择均值算法，能够在全速域、全功率范围内准确估算相电流过零时的相位角，达到容错检测内功率因数角的目的。

参 考 文 献

[1] 和阳. 机载机电伺服系统的高性能控制研究.北京: 清华大学, 2017.

[2] 齐蓉, 陈明. 容错永磁电机及容错驱动结构研究. 西北工业大学学报, 2005, (4):475-478.

[3] 崔巍. 各相解耦永磁同步电机设计及控制技术的研究. 上海: 上海大学, 2004.

[4] 朱纪洪, 司宾强. 基于同步电机模型的控制系统: CN103795317B. 2016-06-01.

[5] 朱纪洪, 和阳. 一种同步电机的复合控制器: CN103825516B. 2016-07-06.

[6] 和阳, 朱纪洪, 张尚敏. 一种永磁同步电机的内功率因数角检测方法: CN105720876B. 2017-06-13.

第6章 机电作动系统工程设计实例

本章通过机电作动系统工程设计实例说明常见的技术指标及设计过程。机电作动系统的主要指标包括输出力/力矩、作动行程、系统通频带、重量、外形尺寸、控制精度、系统输出刚度等。此外，还会有供电电压、最大电流、位置锁定、温湿度等技术要求。

6.1 主要技术指标

作为设计输入，某临近空间飞行器的机电作动系统主要技术指标如下。
(1) 输出力(正向、反向)不小于 10000N。
(2) 行程不小于 150mm。
(3) 速度范围 0~80mm/s。
(4) 稳态位置精度 0.1mm。
(5) 系统带宽 5Hz。
(6) 供电电压 270V。
(7) 作动器部分占用空间不大于 650(长)×150(宽)×75(高)mm³。

6.2 关键参数及部件选型

根据上述指标要求与限制，可大致确定机电作动系统中驱动电机、丝杠等关键部件的相关参数。其中，最大输出力的大小直接决定作动系统输出级，主要关系丝杠的选型；行程主要影响位置传感器的选型；速度范围取决于系统带宽。在系统带宽、线性工作范围、最大速度三个变量中，有两个变量是独立的，第三个变量可由下式求得，即

$$V_m = \omega_m A_m \tag{6-1}$$

其中，$\omega_m = 2\pi f$，f 为系统带宽；A_m 为线性范围。

通常用户会给出最大线速度或最大角速度，而不给出线性工作范围，这时应反推线性工作范围。通常小功率作动系统，如中小型导弹用作动系统线性工作范

围一般取最大行程的 10%；大功率、高带宽作动系统取最大行程的 5%，如指标输入与上述原则相差很远，则可认为不合理，应进一步分析和论证。

位置精度主要取决于传感器精度、系统无静差度。系统无静差度一般应从两方面考虑，一是参考指令输入到输出的无静差度，二是负载到输出的无静差度。这两个无静差度都应该满足。它们都由系统环路增益决定，通常从负载到输出的无静差度，即系统刚度所需要的环路增益大。

供电电压一般由载体总体确定，主要影响电机驱动器功率开关管或驱动器选型。

对重量体积提出要求，通常是为了确保系统能够满足载体空间限制、重量限制、功能需求和能源效率等方面的要求。

机电作动系统主要由驱动控制器、电机及机械传动机构组成，其中驱动控制器设计有较大自由度，所以设计时一般应首先考虑传动机构和电机的设计或选型。机械传动机构的设计、选型一般按照先输出级或丝杠、中间减速器、电机的顺序经过若干次迭代完成。

6.2.1　丝杠选型

在具体选型时，输出力必须首先满足指标要求，其次其允许的最大线速度不能小于系统要求，飞机等多次重复使用的作动系统寿命还应满足设计指标，此外还应综合考虑导程。因为在同一标称直径情况下，导程对丝杠的载荷能力、寿命、电机至丝杠间减速器的减速比等均有影响。总之，丝杠选型需考虑的因素较多[1]。下面简要介绍选取过程。

在载荷等关键技术指标满足要求的情况下，应优先选取小导程丝杠，以便简化减速器。

根据设计指标，丝杠受到的额定推拉力应不小于

$$F = 10000\text{N} \tag{6-2}$$

考虑安全系数不小于 1.5，设计推力应不小于

$$F_s = F \times 1.5 = 10000\text{N} \times 1.5 = 15000\text{N} \tag{6-3}$$

考虑减小体积和重量，优先考虑使用滚柱丝杠副，根据推力并参考行星滚柱丝杠副选型手册，确定滚柱丝杠副直径 D 和导程 p，采用 $D \times p = 13 \times 4$ 丝杠，进一步由导程和推杆的最大速度计算丝杠转速。

要求推杆最大速度 $v = 80\text{mm/s}$，根据丝杠导程 $p = 4\text{mm}$，可以求得最大线速度对应的丝杠转速为

$$n_{丝杠} = \frac{v}{p} \times 60 = \frac{80\text{mm/s}}{4\text{mm}} \times 60 = 1200\text{r/min} \tag{6-4}$$

6.2.2　电机关键参数计算

1. 功率估算

假设系统传动效率为 1，估算所需电机的大致功率为

$$P_0 = \frac{\sqrt{2}}{2} Fv \tag{6-5}$$

此处选择乘以 $\sqrt{2}/2$ 的原因是从通频带的概念和定义来说的，信号能量为原来一半时对应的幅值衰减为原来的 $\sqrt{2}/2$ 倍。另外，作动器在中立位置附近时受到的载荷通常较小，但是此时的速度要求往往最高；位置偏移量较大时一般载荷较大，但是对速度要求较低。综上，在估算电机预期的功率时乘以 $\sqrt{2}/2$ 既可以满足指标上的要求，又可以在工程上避免设计过于保守。

考虑传动效率不可能为 1，可以进一步估计功率为

$$P_N = \frac{1}{\eta} P_0 \tag{6-6}$$

其中，η 为传动效率。

一级减速传动效率可取 $\eta = 0.95$，两级减速传动效率可取 $\eta = 0.95^2$。为减小作动器重量，选用高速电机，因此暂取 $\eta = 0.95^2$，可得

$$P_N = \frac{P_0}{0.95^2} \tag{6-7}$$

2. 电机选型

经上述计算可确认电机的主要性能参数。为缩短研制周期、降低研发成本，优先考虑选择货架产品。所选电机的参数如表 6-1 所示。其输出转矩、最大转速、功率等性能参数均满足指标要求。

表 6-1　电机选型参数表

电机参数	标称值
连续失速转矩/(N·m)	1.18
连续电流/A	4.66
额定功率/W	850
额定功率下的速度/(r/min)	13000
转矩系数 C_m/(N·m/A)	0.259
反电动势常数 C_e/(Vrms/kr/min)	15.7
电机常数/(N·m/W)	0.138
极数/个	6

3. 确定减速比

所选电机额定转速为

$$n = 13000 \mathrm{r/min} \qquad (6\text{-}8)$$

传动系统采用电机经二级齿轮减速器驱动丝杠副结构。根据电机转速和丝杠转速可计算出减速比，即

$$i = \frac{13000}{1200} = 10.833 \qquad (6\text{-}9)$$

由于数值较大，因此采用两级减速，选取系数 $\eta = 0.95^2$ 是合理的。一般情况下，在确定减速器的减速比后，应根据作动系统应用场合的空间载荷，确定齿轮的大小和模数。

根据传动设计的一般原则，第一级减速比大有利于减重；相互啮合的齿轮齿数应尽可能互质，在可能的情况下，两级齿轮应尽量选择相同的模数。根据上述原则，设计两级减速器的主要参数如下。

第一级减速比为

$$i_1 = \frac{z_2}{z_1} = \frac{80}{23} \qquad (6\text{-}10)$$

第二级减速比为

$$i_2 = \frac{z_4}{z_3} = \frac{70}{23} \qquad (6\text{-}11)$$

此时减速比为

$$i = i_1 i_2 = 10.586 \qquad (6\text{-}12)$$

与要求值相近，较为合理。

6.3　机械结构设计与校核

6.3.1　机械总体结构

作动器结构示意图如图 6-1 所示。其中，驱动电机、两级齿轮减速器、输出丝杠整体呈并联式布局。这种方案结构紧凑、空间利用率高、重量轻、安装灵活、能量传递链短、损耗小，同时丝杠输出端采用滑套结构，不但坚固耐用，而且轻便灵活。通过设计紧凑的传动机构，将电机的高速旋转运动转换为大推力直线输出。传动机构前级传动副选用效率高、体积小、结构紧凑的圆柱直齿轮，末级直线输出选用传动效率高、运行平稳、传动精度高的行星滚柱丝杠副，使作动系统的输出平稳、高效。

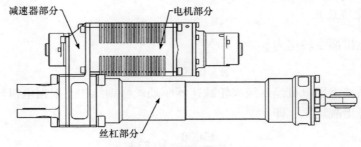

图 6-1　作动器结构示意图

6.3.2　传动机构设计

1. 减速器设计

电机与作动机构的连接方式采用并联形式。电机通过两级减速器传递到末端齿轮驱动丝杠传动机构，可以有效节省空间。减速器齿轮采用圆柱直齿轮，结构如图 6-2 所示。

图 6-2　减速器结构

两级减速器参数如表 6-2 所示。

表 6-2　两级减速器参数

参数	第一级		第二级	
	z_1	z_2	z_3	z_4
	模数 0.5	模数 0.5	模数 0.8	模数 0.8
端面压力角/(°)	20	20	20	20
齿轮类型	直齿	直齿	直齿	直齿
变位系数	0	0	0	0
齿数	23	80	23	70
材料	20CrMnTi	20CrMnTi	20CrMnTi	20CrMnTi

参数	第一级		第二级	
	z_1	z_2	z_3	z_4
	模数 0.5	模数 0.5	模数 0.8	模数 0.8
齿面硬度/HRC	59	56	59	56
弯曲强度容许转矩/(N·m)	2.58	7.23	7.22	17.74
齿面强度容许转矩/(N·m)	1.61	5.39	5.14	15.00

　　齿轮是减速器中的重要传动部件,其强度和可靠性直接影响作动系统的性能,尤其是系统安全性、可靠性和寿命。在齿轮设计中, 依靠理论设计出的齿形和参数可能不满足实际工况的需求。在工作过程中, 齿轮会受到多种复杂载荷, 如扭矩、弯矩、冲击等, 这些载荷会使齿轮产生弯曲、剪切、挤压等应力, 导致齿面磨损、轮齿折断等形式的失效, 因此必须对其进行强度校核。齿轮强度校核主要分为静态强度校核和动强度校核等,根据作动系统工作环境(环境温度不高且变化量较小, 热效应不明显), 仅进行静态强度校核, 即依据齿面接触疲劳强度和齿根弯曲疲劳强度, 通过计算相应应力值与所用材料许用应力值进行比较, 或根据所用材料许用应力值及安全系数(许用应力与实际应力之比, 反映零件的安全程度)计算齿轮最大载荷, 判断齿轮是否具有足够的承载能力。经校核所设计的两极齿轮均满足强度及可靠性要求。

2. 传动轴和键的校核

　　轴和键的强度直接关系到作动器减速器的安全性和稳定性,因此进行强度校核是确保减速器安全可靠运行的关键。相关强度校核的主要依据是基本力学原理和材料力学性能, 如屈服强度、抗拉强度、弹性模量等。特别是, 根据轴和键的受力情况、材料属性, 以及工作环境等因素, 计算应力分布和强度极限, 对强度进行全面评估。为保证系统的安全性, 同齿轮校核一样, 必须考虑系统的安全系数, 校核如下主要内容。

　　(1) 减速器第一级输入轴和键的强度及安全性校核。

　　(2) 减速器中间传动轴和键的强度及安全性校核。

　　(3) 减速器第二级传动轴和键的强度及安全性校核。

　　经校核, 所有传动轴和键的强度及安全性均满足设计要求。

3. 丝杠组件支撑

　　滚柱丝杠副轴向采用一组圆锥滚子轴承 320/22JR, 径向基本额定动负荷为

$C_r = 35.4\text{kN}$。丝杠组件轴承安装图如图 6-3 所示。

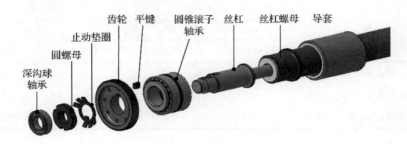

齿轮　平键　圆锥滚子
轴承

止动垫圈　　　丝杠　丝杠螺母　导套

圆螺母

深沟球
轴承

图 6-3　丝杠组件轴承安装示意图

6.4　驱动控制器设计

作动系统驱动控制器的主要功能是，根据飞行控制指令驱动作动器输出位置和速度，使舵面偏转至指令位置。同时，将作动系统的工作状态、运行参数，以及故障诊断结果等信息反馈给飞行控制计算机。为实现上述功能，驱动控制器主要由控制器、驱动器、电源滤波器三部分组成。其整体功能框图和 3D 视图如图 6-4 和图 6-5 所示。

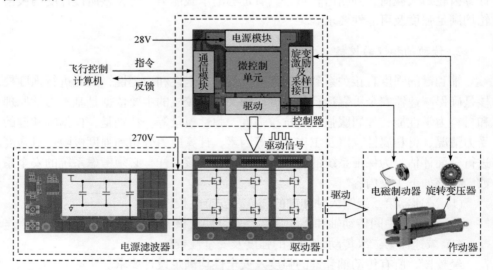

图 6-4　驱动控制器整体功能框图

6.4.1　控制器

控制器的主要功能是根据接收到的飞控指令信号，控制作动系统的位移和速

图 6-5　驱动控制器 3D 视图

度。其功能主要包括以下几个方面。

(1) 与飞控计算机进行实时通信，接收飞行控制指令并反馈作动系统运行状态和参数。

(2) 对作动系统位移、速度，电机转子角度、转速、电流，直流母线电压、电流等信号进行实时检测。

(3) 对电机的电流，以及作动器的运行速度、位移进行实时控制。

(4) 生成驱动电机、电磁制动器工作所需的 PWM 信号。

(5) 对作动系统的运行状态、参数进行实时监控和诊断。

(6) 对过电压、过电流、过温等故障进行处理和保护。

控制器主要包括电源、通信、旋转变压器激励及信号采集电路、DI/O 模块组成。其功能框图如图 6-6 所示。其中，主控部分的核心架构采用数字信号处理器 (digital signal processor，DSP)+复杂可编程逻辑器件(complex programmable logic device，CPLD)结构。供电采用两余度配置，通过支持 18～36V 宽范围输入的隔离型 DC/DC 将 28V 控制电压转变为控制器所需的 5V 电源，再由降压电路转换为 3.3V 提供给 DSP 外设、CPLD、通信芯片等电路。同时，该降压电路还提供一路 1.2V 电源给 DSP 内核供电。在通信电路方面，控制器设计有两路 RS422 和一路 RS485 接口，通信接口的电平转换电路均采用单片隔离芯片实现。旋转变压器激励及信号采集电路采用两路 SPI 总线实现 DSP 与旋转变压器解调芯片的通信，并通过 DI/O 接口对旋转变压器解调芯片进行配置，同时获取其工作状态。此外，控制器还设计了过压、过流、过温等多路保护电路，通过 DI/O 接口连接至 CPLD，实现过压、过流、过温等故障的处理及保护功能。

控制器 3D 视图如图 6-7 所示。

6.4.2　驱动器与电源滤波器

驱动器功能框图如图 6-8 所示。其中，功率变换器采用传统三相六管全桥电

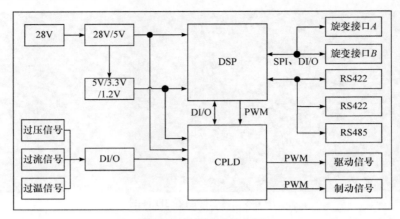

图 6-6　控制器功能框图

(a) 正面　　　　　　　　　　(b) 反面

图 6-7　控制器 3D 视图

路。A、B、C 三相驱动电路原理及构成相同。A 相驱动电路如图 6-9 所示。

　　在图 6-9 中，半桥驱动电路主要包括上下桥臂隔离驱动电源、隔离型栅极驱动芯片、上下桥臂功率管，以及栅极钳位二极管、栅极电阻、栅极电容和电流采样电路等构成。28V 控制电源经过隔离电源转换后得到 15V 电压，给栅极驱动电路供电；上下管栅极驱动采用独立电源供电。隔离型栅极驱动芯片根据输入的差分 PWM 信号产生用于驱动上下桥臂功率管的驱动信号。其中，上下管的驱动逻辑相反，通过 DSP 控制器设置 PWM 死区可以确保不发生上下管共态导通问题。功率管的栅极钳位二极管采用双管串联结构，确保栅极电压钳位在功率管的安全工作电压范围内。通过独立设置栅极开启电阻 7R22A、7R24A 和关断电阻 7R21A、7R23A，可实现功率管栅极电压上升、下降时间常数的独立配置。此外，设计并联栅极的栅源极泄放电阻 7R31A、7R32A 和电容 7C31A、7C32A。栅源极泄放电阻给功率管栅源极电容提供放电回路，一方面可避免栅源极之间电荷积累，产生电压导致功率管误导通；另一方面可避免栅源极间电荷积累产生高压，导致功率

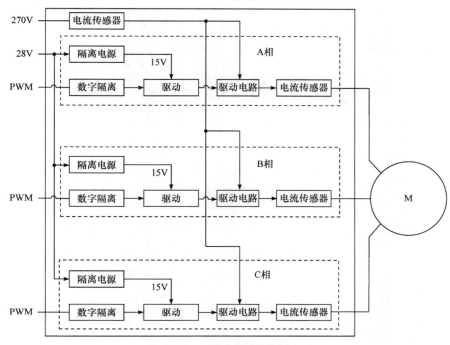

图 6-8　驱动器功能框图

管栅极击穿，损坏功率管。在功率管栅源极并联电容，虽然增加了驱动电路的上升时间，但是可以有效降低功率管米勒电容产生米勒效应对主开关电路的影响，减小开关损耗，提高系统安全性能。

　　下面对米勒效应进行简要说明。如图 6-10 所示，MOS(metal-oxide-semiconductor)晶体管内部有寄生电容 C_{GS}、C_{GD} 和 C_{DS}，其中，输入电容 $C_{ISS} = C_{GS} + C_{GD}$，输出电容 $C_{OSS} = C_{GD} + C_{DS}$。

　　由图 6-10 可知，当 MOS 晶体管开通或关断时，漏极(drain，D)的电压会通过电容 C_{GD} 反向影响栅极(gate，G)的电平，因此，C_{GD} 又称为反向传输电容 C_{RSS}，即 $C_{RSS} = C_{GD}$。由于该电容会引起米勒效应，因此反向传输电容也称米勒电容。

　　米勒效应是指 MOS 晶体管栅极、漏极的极间电容 C_{GD} 在功率管开通、关断期间引起的瞬态效应。先考虑开通情形，当栅极驱动电压上升到 MOS 晶体管开通阈值电压时，MOS 晶体管导通，漏极电压急剧下降，这时漏极电压会通过 C_{RSS} 即 C_{GD} 拉低栅极驱动电压，构成电压并联负反馈。如果驱动功率不足，将在栅极驱动波形上升至开通阈值电压附近产生一个台阶，甚至一个较大的下降尖峰，如图 6-11 所示。这一现象增加了 MOS 晶体管的开通及关断时间，并引起开关损耗增大。MOS 晶体管关断时，当栅极驱动电压下降到 MOS 晶体管关断阈值电压时，MOS 晶体管开始关断，漏极电压急剧上升，这时漏极电压会通过 C_{GD} 抬高栅极驱

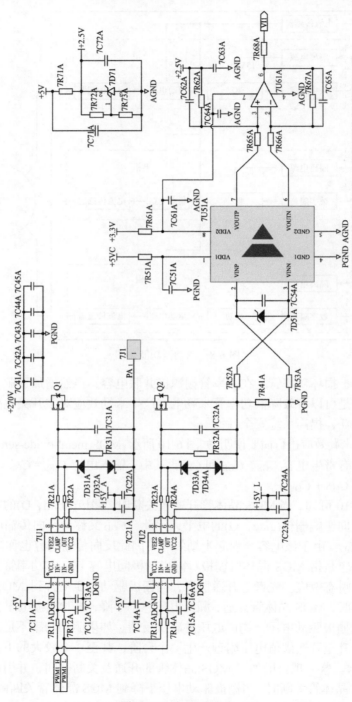

图 6-9 A 相驱动电路

动电压，即电压负反馈，导致关断延迟，增加 MOS 晶体管的关断时间，引起关断损耗增大。

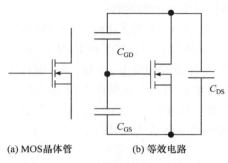

(a) MOS晶体管　　　　　　　(b) 等效电路

图 6-10　MOS 晶体管及其等效电路

图 6-11　MOS 晶体管开通过程中的米勒平台

由上述分析可知，米勒效应会造成功率管开通和关断延时，导致开关损耗增加。由于 MOS 晶体管等功率管制造工艺，极间电容 C_{GD} 也就是米勒电容一定存在，因此米勒效应无法避免。为降低米勒效应的影响，除从工艺上减小功率管寄生电容 C_{GD}，有以下主要措施。

(1) 优化栅极驱动电路。栅极驱动电路的设计对消除米勒效应至关重要。增加栅极驱动电流可以加快 MOS 晶体管的开关速度，减少米勒效应的影响。此外，采用有源钳位技术或负压关断技术，可以有效抑制栅极电压的瞬态变化。有源钳位相当于降低了栅极对漏极的输入阻抗，减小 C_{GD} 引起的负反馈影响。有源钳位主要对关断过程有效，一般驱动芯片均有此电路，应充分发挥其作用。

(2) 使用外部补偿电路。在 MOS 晶体管的栅极和源极之间添加一个外部补偿电容(如图 6-9 中的 7C31 和 7C32)，可以减弱 C_{GD} 的影响。其原理是降低栅极对源极的阻抗，进而降低 C_{GD} 引起的负反馈的影响。当然，补偿电容会增大驱动电路的功耗，因此需要合理选择，不宜太大，一般在 $1\sim10\mathrm{nF}$。

(3) 优化功率变换器电路板布局。尽量缩短栅极驱动走线、减少寄生电感，并合理布置地线，也对降低米勒效应有作用。其主要机理在于，减小寄生电感，特别是栅极驱动回路的寄生电感，为减小驱动回路的电阻奠定基础。否则，栅极回路会发生振荡，影响电路稳定性及安全性。此外，采用多层电路板并合理分配电源和地平面，也能显著提升电路的稳定性。

(4) 采用宽禁带半导体器件。使用碳化硅(SiC)或氮化镓(GaN)等器件也是有效途径。与传统硅基 MOS 晶体管相比，SiC 和 GaN 器件具有更低的寄生电容。当然，使用 SiC 或 GaN 等器件会增加成本，因此要根据具体情况进行权衡。

在图 6-9 所示的驱动电路中，电流采样电路通过电流采样电阻 7R41 和测量采样电阻两端的电压实现。经过隔离运放 7U3 进行信号隔离，再经通用运算放大器 7U4 构成的差动放大电路进行放大和滤波。采用采样电阻方案测量电流具有以下优点。

(1) 稳定性好。稳定性对于长时间运行的系统极为重要，采样电阻一般采用康铜和锰铜等材料，稳定系数低可达 $5 \times 10^{-6}/℃$，甚至更小，受温度的影响小。此外，采样电阻阻值也不受振动等外界因素的干扰。取样电阻在温度、振动等外部干扰情况下，能保持稳定的电阻值，从而保证测量结果的准确性。

(2) 测量精度高。取样电阻一般精度可达 1%。采用高精度的电阻器时，精度可达到 0.01%，甚至更高，因此能提供非常精确的电流测量结果。

(3) 适用范围广。可用于各种类型的负载，包括感性负载和容性负载。无论是简单的直流电路，还是复杂的交流电路，采样电阻均能用于检测电流。

(4) 原理简单、取材方便、实现容易。利用采样电阻、通用运算放大器等常用器件即可实现较大的电流量程，同时可以方便地改变测量量程。

驱动器采用 FR4+铝基板混压结构铝基板散热方案。FR4+铝基板结构示意图如图 6-12 所示。驱动器 3D 视图如图 6-13 所示。

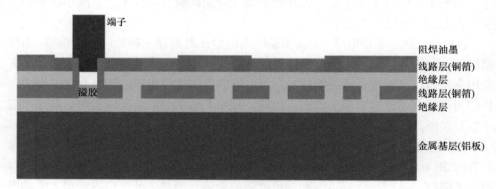

图 6-12　FR4+铝基板结构示意图

主电源额定电压为 270V，其电压、电流检测电路如图 6-14 所示。其中，主电源 270V 直流母线电压经 8R12、8R13、8C13 组成的分压及滤波电路后，经隔

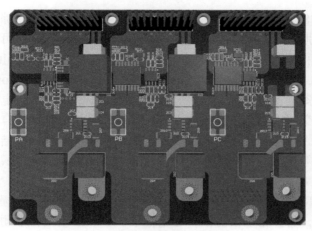

图 6-13　驱动器 3D 视图

离运算放大器 8U3 进行隔离放大后到 DSP 差分模拟输入接口。母线电流经采样电阻 8R11 取样后，由 8U2 进行差动放大和滤波，最后经 8U4 隔离放大后至 DSP 差分模拟输入接口。采用上述电路的优点是原理简单、实现容易、抗干扰能力强。

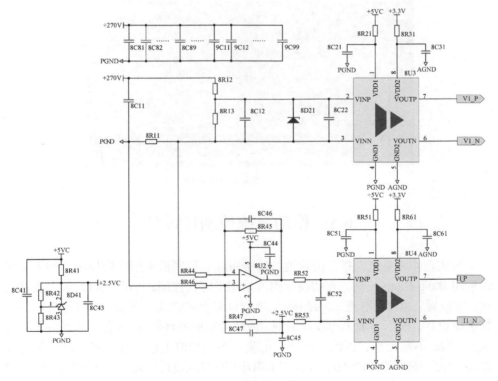

图 6-14　滤波电路功能框图

　　$8C11\sim8C89$、$9C11\sim8C99$ 等电容构成主电源滤波电路。综合考虑等效电阻、功耗，特别是高频特性等因素，采用陶瓷电容设计滤波器可以提高对尖峰干扰的滤波效果。陶瓷电容又称瓷介电容，分为多层陶瓷电容(multi-layer ceramic capacitors，MLCC)和单层陶瓷电容(single layer ceramic capacitor，SLCC)。这里采用多层陶瓷电容做主电源滤波，具体原因如下，多层陶瓷电容通过多层陶瓷和金属电极交替堆叠，在极小体积内实现高电容值，非常适合空间受限的场合，特别是高密度电路板布局可以减少电路板占用面积。堆叠结构可以缩短电流路径，显著降低电容等效串联电阻(equivalent series resistance，ESR)(可低至毫欧级)和等效串联电感(equivalent series inductance，ESL)，减少能量损耗和发热，有效抑制高频纹波，提升系统效率。此外，陶瓷介质介电损耗低，高频下阻抗特性稳定，适合宽频段滤波，通用性强。MLCC 耐高温、耐振动，寿命和安全性较钽电容和电解电容优势显著，并且没有起火和漏液问题，寿命可达数十年(优于电解电容)。同时，电容值随电压变化极小(偏差<±1%)，适用于精密滤波场合。此外，环境适应力也非常强，能够适应 $-55\sim125℃$ 宽温环境。滤波器 3D 视图如图 6-15 所示。

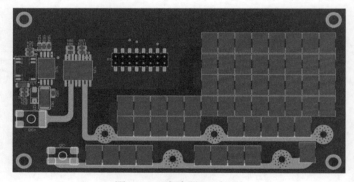

图 6-15　滤波器 3D 视图

6.5　作动系统控制律设计

　　为实现作动系统对指令的快速、精准跟踪，控制器采用多模控制，即大误差时采用 Bang-Bang 控制，在切换线附近采用平方根控制；小误差时，采用线性控制，即位置、速度、电流三环结构[2]。下面针对上述作动系统要求，讨论具体线性控制律设计。根据一般工程设计原则，内环带宽取外环的 $3\sim5$ 倍，考虑位置环带宽为 5Hz 不是很高，因此速度环、电流环带宽均取上限，即位置环设计带宽取 25Hz，电流环带宽取 125Hz，并采用由内环到外环的设计步骤。作动器参数如表 6-3 所示。

表 6-3　作动器参数

参数	取值	意义
L	2.35×10^{-3}H	电机电感
R	1.17Ω	电机电阻
C_m	0.2015N·m/A	转矩系数
C_e	0.1102V/rad/s	反电势系数
J	1.55×10^{-5}kg·m^2	转动惯量
i	10.586	减速比
K_t	0.637mm/rad	丝杠传动系数

6.5.1　电流环

机电作动系统通常设计成多环控制系统。电流环作为最内环一般优先进行设计。相对电流来说，驱动电机反电势的变化较为缓慢，因此在设计电流环时可忽略反电势的影响。由电机模型，电压到电流的传递函数为

$$G_1(s)=\frac{1}{Ls+R}\qquad\qquad(6\text{-}13)$$

从稳态要求看，希望电流环静差要小，但是这并不重要，可用控制增益来补偿。从动态要求来看，电流需要快速跟随指令，且超调在合适的范围之内。电流环可等效为一个一阶惯性环节，如果仅考虑 125Hz 的带宽设计要求，从系统 Bode 图(图 6-16)可以看出，只需串联比例增益即可。根据电机参数，求得的增益为 2.18。此时系统的 Bode 图如图 6-17 所示，满足电流环带宽 125Hz 的设计要求，而且稳定性也很好。

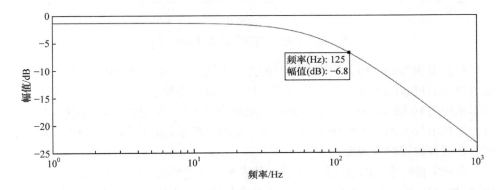

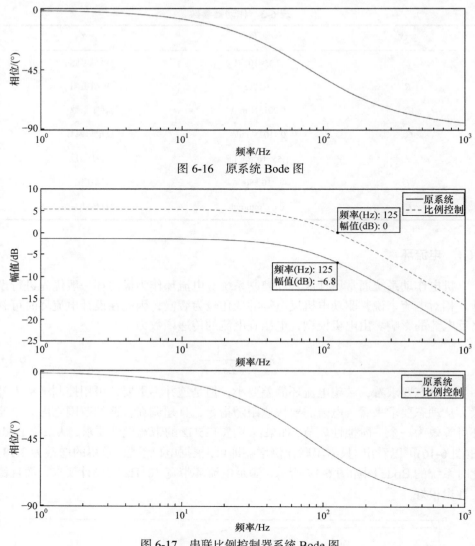

图 6-16　原系统 Bode 图

图 6-17　串联比例控制器系统 Bode 图

根据电机参数手册，电机工作时的连续电流为 4.66A，峰值电流为 8.7A。考虑电机短时过载能力强，为有效降低重量、提高动态特性，设定最大电流为 5A，根据系统仿真(图 6-18)，虽然电机电压限幅为 270V，但是比例控制增益为 2.18时，加在电机上的最大电压不超过 11V。这时电机最高转速很低，会严重影响后面的转速和位置响应速度。

造成电机转速低的原因是，上述设计未考虑反电势的影响。实际上，随着电机转速的增加，反电势也相应变大。电机反电势相对于电流环来说相当于外部扰动。

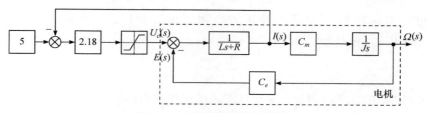

图 6-18 电流环比例控制系统

当电机转动时，影响电机电枢电流的主要因素有两部分，一部分为控制器输出的控制电压 U_c，另一部分为变化相对较慢的反电势 E。在控制电压 U_c 中必有一部分用于抵抗反电势，平衡反电势后剩下的电压才能用于产生电枢电流，因此反电势必定会给电枢电流带来影响。

考虑反电势因素，电流环增益可以根据输入指令电流和电机额定电压确定，考虑最大指令电流为 5A，因此系统最小增益应大于 270/5=54V/A。取电流环增益为 $K_i = 60\text{V/A}$。此时，系统 Bode 图如图 6-19 所示。系统的截止频率较高，而期望带宽为 125Hz，因此需要增加滞后校正控制器降低带宽。其形式为

$$G_i^* = \frac{1+T_i s}{1+\beta_i T_i s}, \quad \beta_i > 1 \tag{6-14}$$

根据滞后校正设计方法，由图 6-19 可知

$$20\lg \beta_i = 28.8\text{dB} \tag{6-15}$$

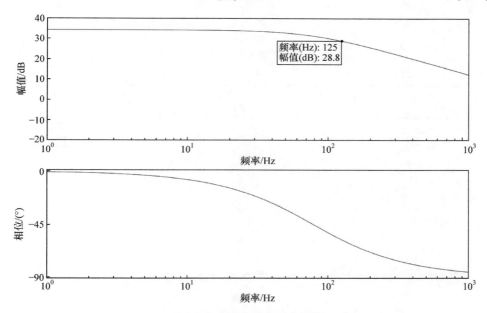

图 6-19 电流环增益为 60V/A 时的系统 Bode 图

计算可得 $\beta_i = 27.54$，将滞后校正的高频侧转折点 $1/T_i$ 选在 $\omega_{ci}/10$ 处，其中 $\omega_{ci} = 2\pi \times 125$。于是令

$$\frac{1}{T_i} = \frac{\omega_{ci}}{10} \tag{6-16}$$

计算可得 $T_i = 0.0127$。因此，电流环滞后校正控制器传递函数为

$$G_i^*(s) = \frac{1 + 0.0127s}{1 + 0.35s} \tag{6-17}$$

结合前面的直流增益，电流控制器为

$$G_i(s) = K_i G_i^*(s) = \frac{60(1 + 0.0127s)}{1 + 0.35s} \tag{6-18}$$

串联滞后校正控制器后，系统的 Bode 图如图 6-20 所示。可以看出，满足系统带宽 125Hz 的需求，加入设计得到的电流环滞后校正控制器后，对系统(图 6-21)进行仿真，与图 6-18 的比例控制系统仿真进行对比。两个系统的电流响应如图 6-22

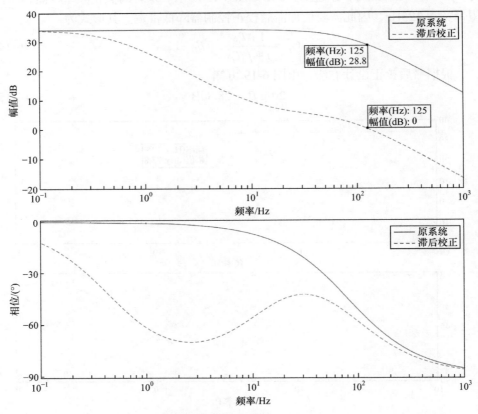

图 6-20　滞后校正系统 Bode 图

所示。可见，仅考虑电流环带宽，不考虑反电势影响设计的比例控制器系统的电流静差较大。仿真结果也说明，反电势对电流环性能的影响较大，在设计内环控制器时需要考虑反电势平衡，提高内环控制的稳态精度。

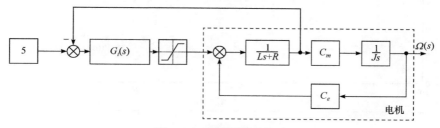

图 6-21　电流环滞后校正

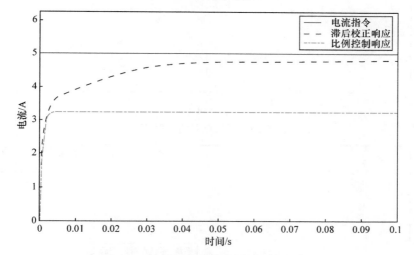

图 6-22　电流环两种控制器闭环阶跃响应

此外，还可以采用我们提出的零极点对消滞后校正方法设计电流环控制器，将电流环的等效传递函数构造成一个一阶惯性环节。根据图 6-23，过 (125Hz,0dB) 点处作一条斜率为 –20dB/dec 的直线，与原 Bode 图的交点横坐标为 2.31Hz，将该点作为控制器的极点，在原系统转折频率处增加一个零点，用于抵消原系统的极点。因此，得到的控制器传递函数为

$$G_i^*(s) = \frac{2\pi \times 2.31}{R} \cdot \frac{Ls + R}{s + 2\pi \times 2.31}$$

$$= \frac{2\pi \times 2.31}{1.17} \cdot \frac{2.35 \times 10^{-3} s + 1.17}{s + 2\pi \times 2.31}$$

(6-19)

上述控制方法称为零极点对消滞后校正。增加控制器后系统的 Bode 图如图 6-24 所示。此时，电流控制器传递函数为

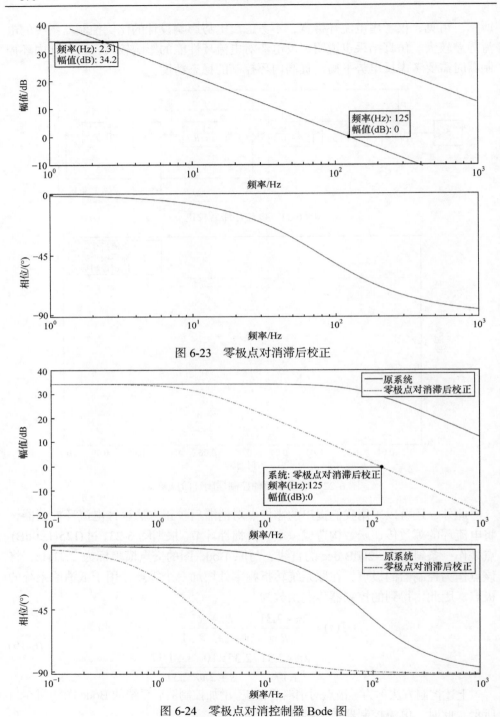

图 6-23　零极点对消滞后校正

图 6-24　零极点对消控制器 Bode 图

$$G_i(s) = K_i G_i^*(s) \tag{6-20}$$

电流环三种不同控制器闭环阶跃响应如图 6-25 所示。可见，只考虑带宽设计的比例控制的系统响应效果较差，相比其他两种控制器电流静差大，而传统滞后控制器控制效果比零极点对消滞后校正控制器响应速度慢。

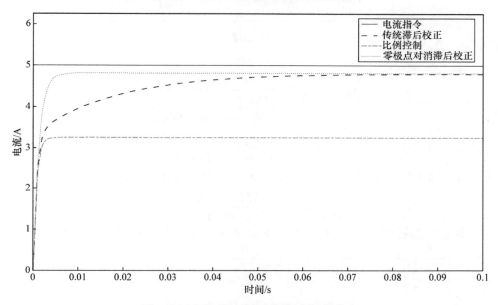

图 6-25 电流环三种控制器闭环阶跃响应

6.5.2 速度环

图 6-26 所示为速度环系统结构框图(不考虑电压限幅)，其中 $G_\omega(s)$ 为速度控制器，$G_i(s)$ 为电流控制器。由于反电势对系统性能的影响较大，并且与电流环形成交叉反馈，因此需要对速度环系统结构进行等效变换来简化。等效速度环结构框图如图 6-27 所示。

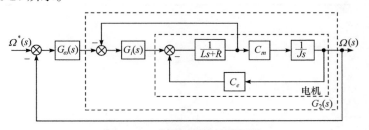

图 6-26 速度环系统结构框图

根据图 6-27 可以得到速度环被控对象传递函数，即

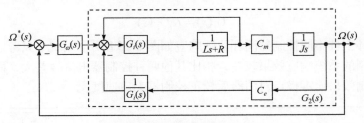

图 6-27　等效速度环结构框图

$$G_2(s) = \frac{\dfrac{G_i(s)}{Ls + R + G_i(s)}\dfrac{C_m}{Js}}{1 + \dfrac{G_i(s)}{Ls + R + G_i(s)}\dfrac{C_m}{Js}\dfrac{C_e}{60G_i(s)}}$$

$$= \frac{C_m G_i(s)}{Js\big(Ls + R + G_i(s)\big) + C_m C_e} \tag{6-21}$$

代入电机参数，可得考虑反电势后速度环被控对象的传递函数，即

$$G_2(s) = \frac{0.3525s + 175.5}{3.643 \times 10^{-8} s^3 + 4.578 \times 10^{-5} s^2 + 0.03597s + 0.3223} \tag{6-22}$$

速度环被控对象的 Bode 图如图 6-28 所示。电流环带宽已设计为 125Hz，速

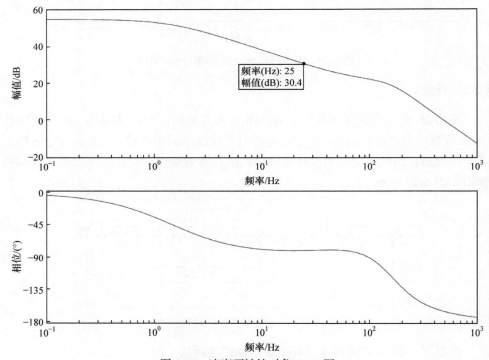

图 6-28　速度环被控对象 Bode 图

度环带宽按照 25Hz 设计。下面分别采用零极点对消滞后校正和传统滞后校正设计控制器。

方法一，采用零极点对消的滞后校正方法设计速度环控制器，过 (25Hz,0dB) 点作一条斜率为 -20dB/dec 的直线，与原 Bode 图的交点横坐标为 0.0475Hz，如图 6-29 所示。将该点作为控制器的极点，在原系统第一转折频率处增加一个零点抵消原系统的极点，因此得到控制器传递函数为

$$G_\omega^*(s) = \frac{2\pi \times 0.0475}{0.3223} \cdot \frac{0.03597s + 0.3223}{s + 2\pi \times 0.0475} \tag{6-23}$$

速度环零极点对消滞后校正 Bode 图如图 6-29 所示。

方法二，速度环采用传统滞后校正进行控制。按照滞后校正设计方法可得

$$20\lg\beta_\omega = 30.4\text{dB} \tag{6-24}$$

计算得到 $\beta_\omega = 33.11$，将滞后校正的高频侧转折点 $1/T_\omega$ 选在 $\omega_{c\omega}/10$ 处，即

$$\frac{1}{T_\omega} = \frac{\omega_{c\omega}}{10} \tag{6-25}$$

其中，$\omega_{c\omega} = 25 \times 2\pi$。

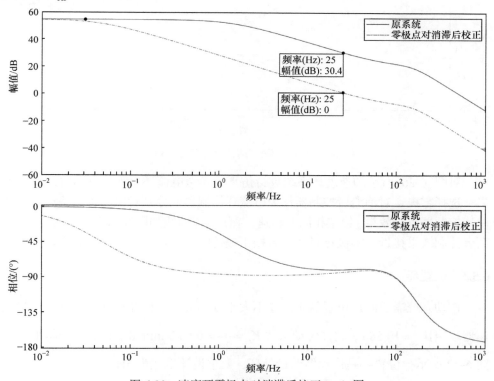

图 6-29　速度环零极点对消滞后校正 Bode 图

计算可得 $T_\omega = 0.0637$，进而得出速度环滞后校正传递函数，即

$$G_\omega(s) = \frac{1 + 0.0637s}{1 + 2.108s} \tag{6-26}$$

速度环传统滞后校正控制器 Bode 图如图 6-30 所示。速度环带宽为 25Hz，满足设计要求。

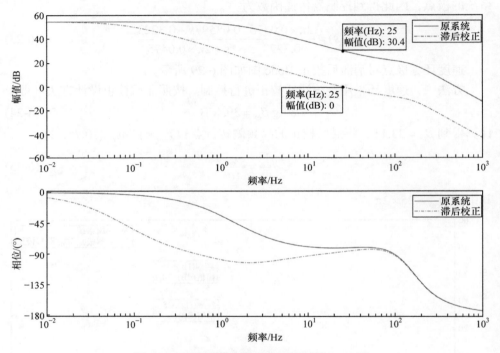

图 6-30　速度环传统滞后校正控制器 Bode 图

对图 6-26 所示的速度环系统进行仿真，参考电流环三种控制器阶跃响应效果，选择零极点对消滞后控制器作为电流环控制器。分别对比两种方法设计的速度环控制器控制效果，给定相同的转速，系统响应曲线如图 6-31 所示。可以看出，两者控制效果接近，零极点对消滞后校正较传统滞后校正的控制效果更优。

6.5.3　位置环

作动系统需要满足位置稳态误差不大于 0.1mm。丝杠导程 $p = 4\text{mm}$，齿轮减速器减速比 $i = 10.586$，丝杠传动系数 $K_t = \dfrac{4}{2\pi} = 0.637\text{mm/rad}$，位置环结构框图如图 6-32 所示。位置环是作动器的最外环，要求设计带宽为 5Hz。

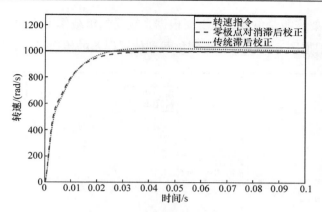

图 6-31　速度环闭环阶跃响应

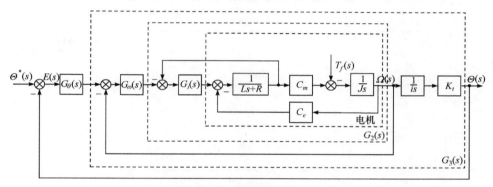

图 6-32　位置环结构框图

被控对象传递函数可以写为

$$G_3(s) = \frac{G_\omega(s)G_2(s)}{1+G_\omega(s)G_2(s)} \cdot \frac{K_t}{is}$$

$$= \frac{G_\omega(s)G_1(s)C_m}{JLs^2 + J(R+G_1(s))s + G_\omega(s)G_1(s)C_m + C_mC_e} \cdot \frac{K_t}{is} \tag{6-27}$$

代入各参数，整理可得

$$G_3(s) = \frac{7.06\times10^{-4}s^2 + 0.358s + 3.151}{3.643\times10^{-8}s^5 + 4.58\times10^{-5}s^4 + 0.048s^3 + 6.28s^2 + 52.47s} \tag{6-28}$$

如果仅考虑位置环带宽满足 5Hz 的要求，根据系统 Bode 图，位置环只需要串联增益 $K_\theta = 531$ 即可。位置环比例控制 Bode 图如图 6-33 所示。

由式(6-29)可知，对指令输入来说，系统是一阶无静差系统，对阶跃指令系统稳态误差的主要来源是负载 T_f。下面根据系统受到负载作用后的稳态误差要求确定 K_θ 下限。根据图 6-32，可以得到负载到位置误差的传递函数，即

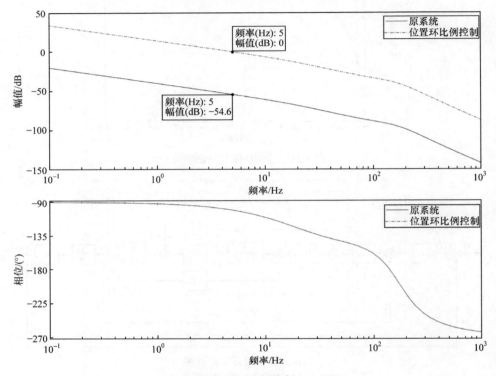

图 6-33　位置环比例控制 Bode 图

$$\frac{E(s)}{T_f(s)} = -\frac{K_t(Ls + R + G_i(s))}{Jis^2(Ls + R + G_i(s)) + isC_m(C_e + G_\omega(s)G_i(s)) + C_mK_tG_\theta(s)G_\omega(s)G_i(s)}$$

(6-29)

其中，$G_i(s)$ 为电流环闭环传递函数。

可知，在负载 T_f 的作用下，稳态误差为

$$e_{ss} = \frac{1}{C_mK_\theta}T_f$$

(6-30)

因此，K_θ 应根据稳态误差要求 e_{ss} 设计为

$$K_\theta \geqslant \frac{1}{C_me_{ss}}T_f$$

(6-31)

由于作动器丝杠额定负载为 $F = 10000\mathrm{N}$，齿轮和丝杠总传动效率 $\eta_s \approx 0.9$，可以

估算电机的负载转矩为

$$T_f = \frac{p}{2\pi} \times \frac{F}{\eta_s i} = 0.67 \text{N} \cdot \text{m} \tag{6-32}$$

其中，p 为丝杠导程；i 为系统减速比。

当 $e_{ss} = 0.1\text{mm}$ 时，计算可得 $K_\theta \geqslant 33.25$，因此取 $K_\theta = 531$ 即可满足位置环带宽 5Hz 的要求，又可满足额定负载下系统稳态误差要求。

于是位置控制器为

$$G_\theta(s) = K_\theta = 531 \tag{6-33}$$

从输入端考虑系统静差，作动器直线运动误差不大于 0.1mm，设计位置环仅用比例控制即 $G_\theta(s) = K_p$，则根据终值定理可得

$$\lim_{s \to 0} sE(s) = \lim_{s \to 0} s\frac{R(s)}{1 + G(s)} \tag{6-34}$$

其中，$R(s) = \dfrac{1}{s^2}$。

代入 $G(s) = K_p G_3(s)$，可得

$$\lim_{s \to 0} sE(s) = \lim_{s \to 0} \frac{1}{s + K_p \times 0.06} = 0.1 \tag{6-35}$$

计算可得 $K_p = 166.7$，因此满足 5Hz 带宽设计的位置环增益 $K_p = 555.6$ 能满足稳态静差的设计要求。

若设计指标中明确说明稳态误差是指跟随斜坡信号时的静差，则会同时给出斜坡信号的斜率 A。这时斜坡信号可表示为

$$r(t) = \begin{cases} At, & t \geqslant 0 \\ 0, & t < 0 \end{cases} \tag{6-36}$$

其拉普拉斯变换为

$$R(s) = \frac{A}{s^2} \tag{6-37}$$

考虑斜坡信号作用下的系统静差，根据终值定理可知

$$\lim_{s \to 0} sE(s) = \lim_{s \to 0} s\frac{R(s)}{1 + G(s)} \tag{6-38}$$

其中，$R(s) = \dfrac{A}{s^2}$。

代入 $G(s) = K_\theta G_3(s)$，可得

$$\lim_{s \to 0} sE(s) = \lim_{s \to 0} s \frac{\dfrac{A}{s^2}}{1 + K_\theta G_3(s)}$$

$$= \lim_{s \to 0} \frac{A}{s K_\theta G_3(s)}$$

$$= \lim_{s \to 0} \frac{A}{\dfrac{K_\theta G_\omega(s) G_2(s)}{1 + G_\omega(s) G_2(s)} \cdot \dfrac{K_t}{i}} \tag{6-39}$$

记系统的速度品质系数为

$$K_v = \lim_{s \to 0} \frac{K_\theta G_\omega(s) G_2(s)}{1 + G_\omega(s) G_2(s)} \cdot \frac{K_t}{i} \tag{6-40}$$

系统在斜坡指令下，稳态误差和速度品质系数的关系为

$$e_{ss} = \frac{A}{K_v} \tag{6-41}$$

因此，根据稳态误差，可确定系统的速度品质系数 K_v，进一步根据式(6-40)可确定位置控制增益 K_θ。

下面对设计结果进行仿真验证，其中电流环和速度环均采用零极点对消滞后控制。

仿真 1：电机负载端为 0。

指令是幅值为 3.75mm 的阶跃信号，阶跃输入及其响应如图 6-34 所示。

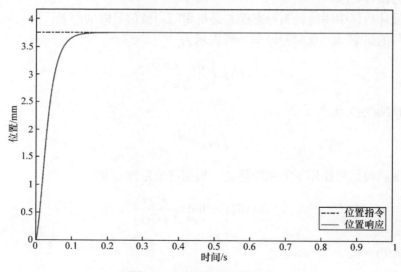

图 6-34　阶跃输入及其响应

指令是幅值为 3.75mm、周期为 5Hz 的三角波信号和正弦波信号，响应如图 6-35 和图 6-36 所示。

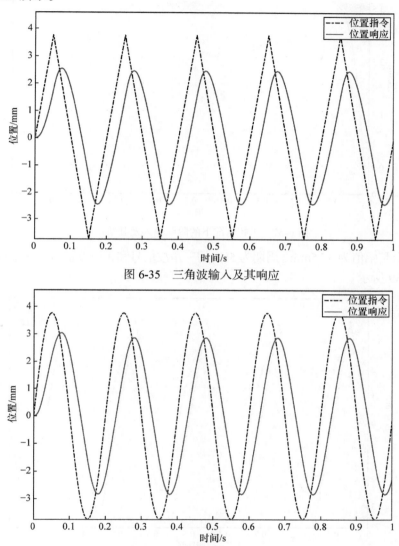

图 6-35 三角波输入及其响应

图 6-36 正弦波输入及其响应

仿真 2：在 0.3s 开始，电机负载端施加干扰力矩 0.67N·m。

指令是幅值为 3.75mm 的阶跃信号，干扰情况下的阶跃输入及其响应如图 6-37 所示。

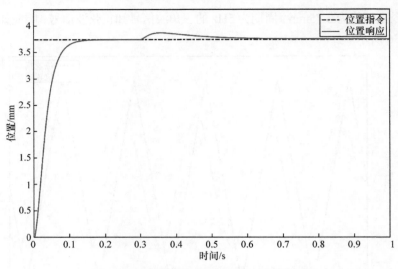

图 6-37　干扰情况下的阶跃输入及其响应

指令是幅值为 3.75mm、周期为 5Hz 的三角波信号和正弦波信号，响应如图 6-38 和图 6-39 所示。

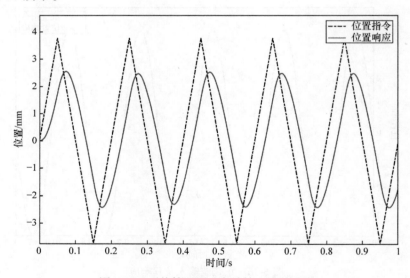

图 6-38　干扰情况下三角波输入及其响应

6.5.4　综合控制设计方法

采用第 3 章提出的综合控制设计方法对以上系统设计控制器，下面简要叙述设计过程。

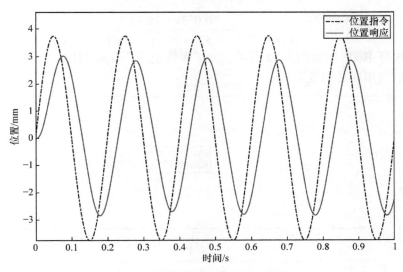

图 6-39　干扰情况下正弦波输入及其响应

(1) 根据稳态误差要求，取前向通道增益 $K_0 = 50\text{A/mm}$。

(2) 根据作动系统对超调量的一般约束和设计带宽的要求，取 $\xi = 0.8$、$\omega_n = 2\pi \times 6 = 37.7\text{rad/s}$。

(3) 根据第 3 章综合设计方法，结合图 3-20 和图 6-32，可得

$$G_\theta(s) = K_\theta = K_p = \frac{\omega_n}{2\xi} \cdot \frac{i}{K_t} = 392 \tag{6-42}$$

$$K_d = 2\xi\omega_n/(C_m/J) = 0.0046 \tag{6-43}$$

(4) 参考 6.5.1 节电流环控制器设计，保持电流环控制器不变，传递函数为

$$G_i(s) = 60 \times \frac{2\pi \cdot 2.31}{1.17} \cdot \frac{0.00235s + 1.17}{s + 2\pi \cdot 2.31} \tag{6-44}$$

(5) 电流环闭环传递函数稳态增益为

$$\lim_{s \to 0} H_i(s) = \lim_{s \to 0} \frac{G_i(s)G_1(s)}{1 + G_i(s)G_1(s)} \tag{6-45}$$

代入 $G_1(s)$ 和 $G_i(s)$ 可得电流环闭环稳态增益为 0.98，接近 1，因此可不增加额外增益。

由于 $K_p K_d = 1.8$，远小于 K_0，因此还需增加额外增益，即

$$K \geqslant K_0/(K_p K_d) = 27.8 \tag{6-46}$$

可得速度环增益为

$$K_\omega \geqslant K K_d = 0.13 \tag{6-47}$$

取 $K_\omega = 0.15$，可得

$$K_{\omega}G_2(s) = \frac{0.053s + 26.32}{3.643 \times 10^{-8} s^3 + 4.578 \times 10^{-5} s^2 + 0.03597s + 0.3223} \quad (6\text{-}48)$$

速度环 Bode 图如图 6-40 所示。为了保持速度环带宽 25Hz 不变，速度环增益增加后需串联滞后校正。

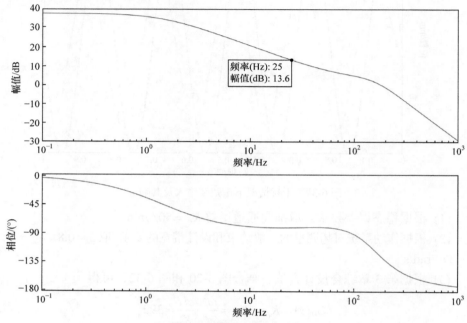

图 6-40 速度环 Bode 图

根据零极点对消滞后校正设计方法可以得到如下速度环控制器，即

$$G_{\omega}(s) = K_{\omega} \cdot \frac{2\pi \times 0.29}{0.32} \cdot \frac{0.036s + 0.32}{s + 2\pi \times 0.29} \quad (6\text{-}49)$$

速度环滞后校正后系统 Bode 图如图 6-41 所示。

对速度环控制器进行仿真验证，输入幅值为 1000rad/s 的阶跃指令，以及幅值为 1000rad/s、频率为 25Hz 的正弦波指令，响应分别如图 6-42 和图 6-43 所示。

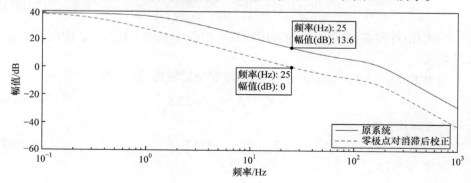

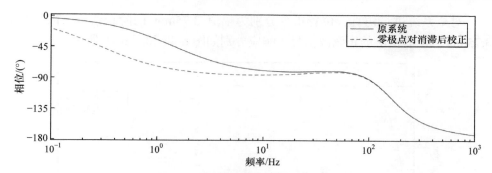

图 6-41 速度环滞后校正后系统 Bode 图

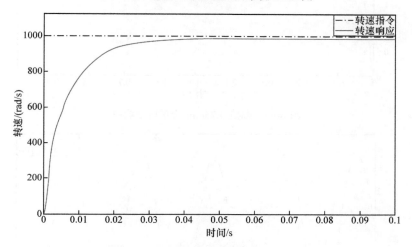

图 6-42 幅值 1000rad/s 阶跃指令响应

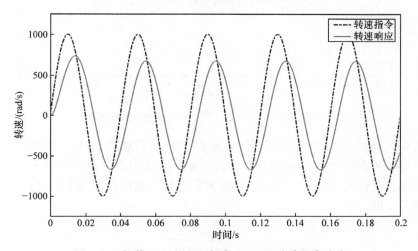

图 6-43 幅值 1000rad/s、频率 25Hz 正弦波指令响应

　　对全系统进行仿真，位置指令分别为幅值 3.75mm 的阶跃信号，以及幅值 3.75mm、频率 5Hz 的正弦波信号，响应分别如图 6-44 和图 6-45 所示。

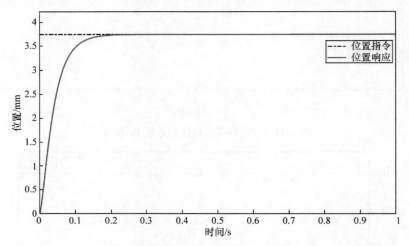

图 6-44　幅值 3.75mm 阶跃指令响应

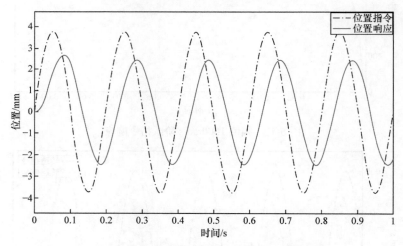

图 6-45　幅值 3.75mm、频率 5Hz 正弦波指令响应

　　从 0.3s 开始，在电机端施加干扰力矩 0.67N·m 负载力矩，指令为幅值 3.75mm 的阶跃信号，响应如图 6-46 所示。由此可见，系统稳态误差满足要求。

　　在综合设计方法中，位置环、速度环参考模型也可设为两个相对独立的一阶惯性环节，即

$$G_\theta(s) = \frac{\omega_n}{s + \omega_n} \tag{6-50}$$

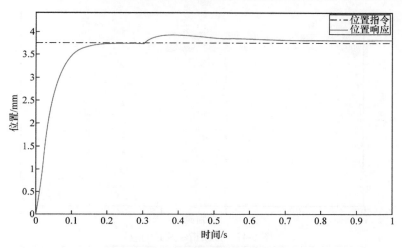

图 6-46　干扰情况下的阶跃输入及其响应

$$G_{\omega}(s) = \frac{\omega_{\omega}}{s + \omega_{\omega}} \tag{6-51}$$

其中，ω_n 为位置环带宽；ω_{ω} 为速度环带宽，可取 3～5 倍 ω_n。

因此

$$G_{\theta}(s) = K_{\theta} = \omega_n / (K_t / i) \tag{6-52}$$

$$K_{D} = \omega_{c\omega} / (C_m / J) \tag{6-53}$$

设计中的其他环节保持不变。

6.5.5　结论及实测结果

通过设计分析、仿真及实际测试，可得如下结论。

(1) 采用零极点对消滞后校正，系统动态特性及稳定性好。

(2) 综合设计方法，能够合理分配各个环节的增益，在满足稳态误差的前提下，通常控制器总增益低，动态特性更好，在负载扰动情况下系统进入稳态的时间短。

(3) 上述方法设计工作量小，在工程上不需要反复调试，系统鲁棒性好。系统实际响应特性和理论结果差异很小。

将设计的控制律运用到实际作动系统中，运行结果如图 6-47～图 6-49 所示，指令分别是幅值为 3.75mm、频率 0.5Hz 的方波，幅值 3.75mm、频率 5Hz 的三角波信号以及幅值 3.75mm、频率 5Hz 的正弦波信号。

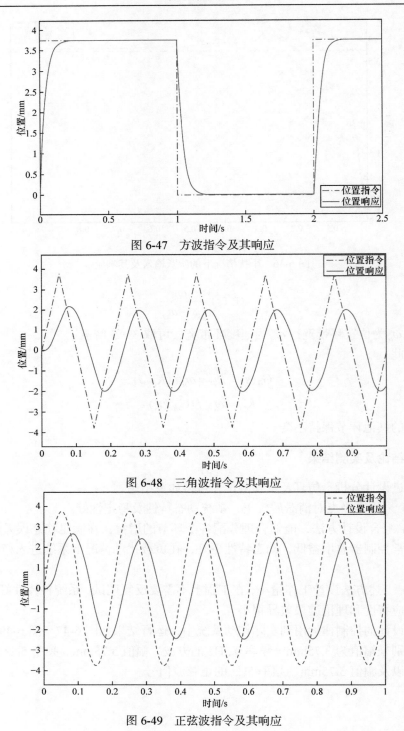

图 6-47　方波指令及其响应

图 6-48　三角波指令及其响应

图 6-49　正弦波指令及其响应

在 0.3s 开始，电机端施加 0.67N · m 的干扰力矩。指令是幅值 3.75mm 阶跃信号时的响应，如图 6-50 所示。

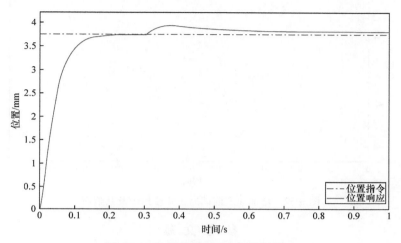

图 6-50　负载力矩对稳态误差的影响

从测试曲线看，系统动态及稳态指标均满足要求。若希望进一步提高动态特性、减小系统相移，可增加速度前馈。增加速度前馈后，系统动态测试曲线如下，其中图 6-51 对应指令为幅值 3.75mm、频率 5Hz 的三角波信号，图 6-52 对应幅值 3.75mm、频率 5Hz 的正弦波信号。由此可见，动态特性改善显著。

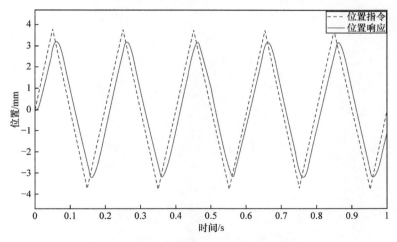

图 6-51　增加速度前馈后三角波指令及其响应

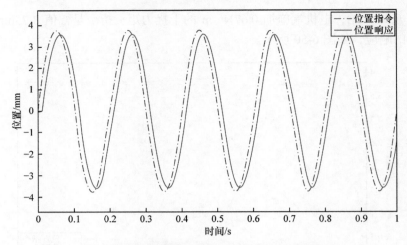

图 6-52　增加速度前馈后正弦波指令及其响应

参 考 文 献

[1] 闻邦椿. 机械设计手册. 北京: 机械工业出版社, 2020.

[2] 陈伯时. 电力拖动自动控制系统. 北京: 机械工业出版社, 2003.

第 7 章　作动系统特征模型及其故障诊断

为实现机载机电作动系统高可靠、强容错的控制需求，本章讨论作动系统特征模型及其在线故障检测方法。作动系统故障诊断对提高飞行安全十分重要。常用的作动系统故障检测方法是根据电机和传动系统的参数建立其动力学模型作为监控模型，通过对比作动系统的实际输出与监控模型的参考输出检测是否发生故障。监控模型参数多、结构复杂，存在两个突出问题。

(1) 未考虑空气动力载荷及其不确定性的影响。当空气动力载荷因飞行状态而变化时，会影响作动系统的实际输出而产生误差和误报。

(2) 未考虑回路存在的速率饱和特性。当输入指令变化率较大时,速率饱和会使作动系统的实际输出与监控模型输出存在较大误差而产生误报。

采用常规模型监控方法,检测结果容易受上述因素的影响,导致虚警率很高。例如，某作动系统应用于某型飞机时，试飞初期频繁出现误报，具体现象是地面试验正常，但是飞行时经常误报，尤其是飞行员有较大的操作动作时，更容易出现虚警。为了解决传统故障检测方法存在的突出问题，本章针对作动系统的自身特点，提出以限幅器、一阶惯性环节和积分器串联为结构的作动系统特征模型及在线故障检测方法，特征模型以作动系统通频带和最大输出速率为特征参数。以特征模型的输出为基准值或参考值，通过比较模型响应与作动系统实际输出的误差是否超过阈值来判断作动系统是否发生故障。为避免特征模型误差，主要是表征速度响应的一阶惯性环节与实际系统的误差，以及后续积分器对误差的累积作用对诊断结果的影响，在状态空间对特征模型设计闭环观测器，降低虚警率[1,2]。

7.1　作动系统特征模型

7.1.1　作动系统速率饱和对输出的影响

由于实际作动系统的输入能量和电机转速是有限的，因此响应回路不可避免地存在速率饱和。若直接对作动系统位移的输入输出进行线性系统动力学建模，当位移输入指令给定较大时，系统在动态过程中的实际输出会因速率饱和而与监控模型的输出存在较大的误差。图 7-1 所示为位移输入分别为 3mm 和 25mm 的阶跃指令，某型作动系统的实际输出与线性动力学监控模型输出的对比图。

　　可以看出，在小位移输入时，实际输出与模型输出之间没有明显差异；在较大位移输入时，两者的差异较大。该差异是由作动系统速率饱和产生的，并非作动系统出现故障，但是如果仅依据此误差来鉴别是否故障，就会造成虚警。

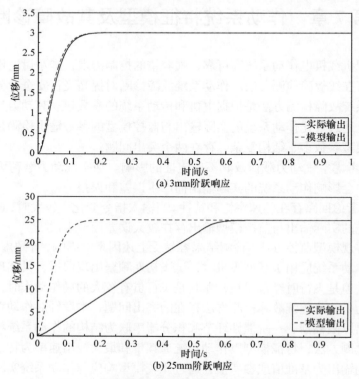

图 7-1　某作动系统输出与线性模型输出比较图

　　若对作动系统转速的输入输出进行建模，并在模型中考虑作动系统的速率饱和特性，对速度给定输入进行限幅，则可避免速率饱和导致的虚警。

7.1.2　负载扰动对作动系统输出的影响

　　作动系统控制框图(包含速度环和位置环)如图 7-2 所示。其中，$\Theta^*(s)$ 为位置参考输入；$\Omega^*(s)$ 为给定转速；$U(s)$ 为控制电压；$T_f(s)$ 为负载力矩；$\Omega(s)$ 为作动速度；$\Theta(s)$ 为系统位移；$G_\theta(s)$ 和 $G_\omega(s)$ 分别为位置环和速度环闭环控制器；M^δ 为气动铰链力矩系数。在对象模型中，L 和 R 分别为电机电枢回路电感和电阻；C_m 和 C_e 分别为电机转矩常数和电势常数；J 为电机轴端转子及其负载的转动惯量；i 为减速器减速比；$\bar{q} = \dfrac{1}{2}\rho V^2$ 为飞行动压。

负载阻力矩是作用在舵面的气动铰链力矩经过传动机构和作动器减速器后作用于电机轴上的等效负载力矩,其值与系统输出位移近似成正比。气动铰链力矩系数 M^δ 是慢时变系数,主要由飞行动压 $\bar{q}$ 决定。

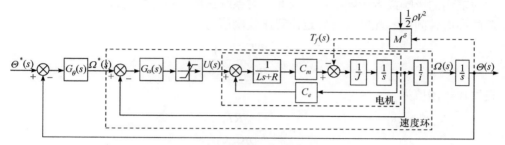

图 7-2　作动系统控制框图

考虑转速和位置反馈,可以推出负载力矩到系统转速和位置的传递函数,即

$$G_{T_f \Omega}(s) = \frac{\Omega(s)}{T_f(s)} = -\frac{Ls + R}{JLs^2 + JRs + C_m(C_e + G_\omega(s))} \cdot \frac{1}{i} \tag{7-1}$$

$$G_{T_f \Theta}(s) = \frac{\Theta(s)}{T_f(s)} = -\frac{Ls + R}{JLis^3 + JRis^2 + C_m(C_e + G_\omega(s))is + C_m G_\theta(s) G_\omega(s)} \tag{7-2}$$

在实际飞行中,负载变化相对于系统速度响应较慢,因此考虑系统受到恒值负载的情况,可得

$$T_f(s) = \frac{T_f}{s}$$

其中,T_f 为输入负载大小。

在式(7-1)和式(7-2)中,令 $s \to 0$,可得转速和位移稳态偏移,即

$$e_\omega = \frac{RT_f}{iC_m} \cdot \lim_{s \to 0} \frac{1}{G_\omega(s) + C_e} \tag{7-3}$$

$$e_\theta = \frac{RT_f}{C_m} \cdot \lim_{s \to 0} \frac{1}{G_\theta(s) G_\omega(s)} \tag{7-4}$$

由式(7-3)可知,若系统的综合效率为 η,则近似有

$$\max_{t \to \infty} |e_\omega| \leqslant \frac{RT_f}{\eta C_m C_e i} \tag{7-5}$$

由式(7-4)可知,位置误差最大值满足

$$\max_{t \to \infty} |e_\theta| \leqslant \frac{RT_f}{\eta C_m} \cdot \frac{1}{K_\theta K_\omega} \tag{7-6}$$

其中,K_θ 和 K_ω 分别为位置环控制器稳态增益和转速环控制器稳态增益。

　　由此得出，负载扰动对系统转速环稳态输出产生的影响较小，而对位置环稳态输出的影响则与位置控制器及速度控制器有关。由于电机机械特性本身刚度较高，对其转速引入闭环控制又可进一步提高其刚度，可有效避免气动载荷及其变化对输出的影响或者影响很小，因此，对系统速度进行监控可以解决气动载荷引起的高虚警问题。此外，可确定位置比较阈值为

$$J_{\text{th}\_\theta} = \frac{RT_f}{\eta C_m} \cdot \frac{1}{K_\theta K_\omega} \tag{7-7}$$

速度比较阈值为

$$J_{\text{th}\_\omega} = \frac{RT_f}{\eta C_m C_e i} \tag{7-8}$$

7.1.3　系统特征建模机理

　　建立作动系统特征模型的基本思想是，根据作动系统回路的动力学特性、环境特征和应用需求来建模。特征模型描述的并不是对象的精确数学模型。它与传统动力学建模的最大区别是结合系统应用需求进行建模。作动系统在相同控制输入作用下，所建特征模型与实际对象在输出上等价(动态过程中能保持在允许的输出误差范围内)，稳态输出相等。除对象特征，特征模型的形式和阶次主要取决于系统性能要求。模型形式比原动力学方程简单，易于工程实现[1-4]。一般作动系统需要满足位置的阶跃动态响应无超调或超调小，并达到设计带宽的要求。在此基础上，本章提出以给定转速为输入的作动系统特征模型。

　　通常，作动系统位移的输入输出传递函数可用如下二阶系统近似表示，即

$$\Theta(s) = \frac{\omega_n^2}{s^2 + 2\zeta\omega_n s + \omega_n^2} \Theta_r^*(s) \tag{7-9}$$

其中，ζ 和 ω_n 为作动系统阻尼比和自然角频率。由图 7-2 可知

$$\Omega^*(s) = (\Theta^*(s) - \Theta(s))G_\theta(s) \tag{7-10}$$

易得

$$\Theta(s) = \frac{1}{G_\theta(s)}\left[\frac{\omega_n^2}{s(s+2\zeta\omega_n)}\right]\Omega^*(s) \tag{7-11}$$

作动系统动态响应一般要求超调很小，其二阶模型阻尼比 ζ 近似为 1。由式(7-11)可知，作动系统包括一个一阶惯性环节和一个积分环节，一阶惯性环节对应于作动系统速度环特征，积分环节对应于速度到位移的运动学关系。作动系统特征模型原理框图如图 7-3 所示。

　　作动系统除输出力/力矩、最大行程等，从位移指令的响应来看，一是系统响应有一定的动态性，与系统带宽相关；二是存在速度饱和，即最大输出速度受饱和值的限制。特征模型主要包括上述特征及其特征参数。

　　此外，高性能作动系统通常采用多环控制结构，带有速度环，因此建立速度环的特征模型。该模型由两部分组成，一部分是速度指令限幅器，限幅值取实际作动系统的最大速率；另一部分是反映速度指令到速度响应输入输出关系的一阶惯性环节，其带宽取为作动系统位移带宽的 3 倍左右(因为内环的带宽一般要求是外环的 3～5 倍)。这一模型和实际系统相比是不精确的，但是误差并不大。同时，后续故障诊断器设计会考虑这一误差，利用一个通频带很低、形式上的状态观测器修正特征模型误差，避免引起故障误报。

　　从速度到位移是积分关系，在图中用积分环节表示，模型本身是精确的，但是涉及积分初值问题。在故障诊断器中用形式上的状态观测量可以消除因为初值引起的误报。

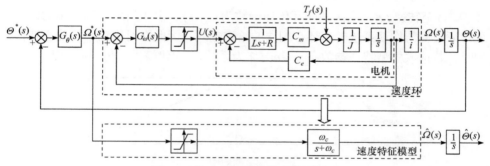

图 7-3　作动系统特征模型原理框图

　　综上，作动系统特征模型由三部分组成，一个限幅器，反映系统的速度饱和值；一个一阶惯性环节，反映速度的响应动态(这部分不一定很精确，但是误差有限可接受)；一个积分器，反映客观的运动学关系(模型是精确的)。选取特征参数时，一阶惯性环节转折频率 ω_c 取 $2\omega_n \sim 4\omega_n$，速度限幅取作动器的速度饱和值。在图 7-3 中，在线性区转速给定信号 $\Omega^*(s)$ 或 $\Omega^*(z)$ 至转速 $\hat{\Omega}(s)$ 或 $\hat{\Omega}(z)$ 之间的传递函数为一阶惯性环节。转速 $\hat{\Omega}(s)$ 或 $\hat{\Omega}(z)$ 至位置 $\hat{\Theta}(s)$ 或 $\hat{\Theta}(z)$ 的传递函数为一阶积分环节。相关连续传递函数为

$$\hat{\Omega}(s) = \frac{\omega_c}{s + \omega_c} \Omega^*(s) \tag{7-12}$$

$$\hat{\Theta}(s) = \frac{1}{s} \hat{\Omega}(s) \tag{7-13}$$

7.1.4 建模误差分析

对作动系统建立特征模型是在控制对象具体结构及参数未知、数学模型和环境情况难以精确描述、对象特性和环境运行具有不确定性的情况下提出的。与传统动力学建模不同，特征模型本身包含未建模误差及未考虑作动系统存在的时变特性。具体体现在特征建模时，需考虑如何设计模型结构和选取特征参量，从而在相同输入时，特征模型与控制对象在输出上基本一致，即模型与对象之间存在的未建模误差有界[3-7]。

根据图 7-2 所示的作动系统回路结构，在已知作动系统和控制器参数（R、L、C_m、C_e、J、i、$G_\theta(s)$、$G_\omega(s)$），以及饱和速率值 ω_{max} 时，对作动系统进行动力学建模，可以得到其闭环频率特性。以某型机电作动系统为例，已知系统参数和控制律。当输入幅值为全行程 10%的正弦扫频信号时，可得图 7-4 所示的作动系统频率特性。

由图 7-4 可知，增益为–3dB 时对应的系统频带为 8.3Hz。假设转速给定，信号 $\Omega^*(s)$ 至转速 $\Omega(s)$ 之间的闭环传递函数为 $G_\Omega(s)$，由于故障检测所用的作动系统特征模型与作动系统转速环有相同的给定输入，因此在对作动系统建立特征模型时，若选取模型特征参数 $\omega_c = \lambda\omega_n$（$\lambda$ 为系数)，则建模误差传递函数为

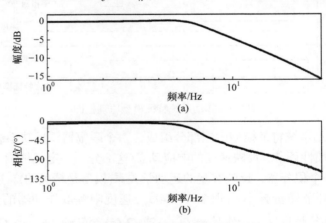

图 7-4 作动系统频率特性

$$\frac{E(s)}{\Omega^*(s)} = G_\Omega(s) - \frac{\omega_c}{s + \omega_c} \tag{7-14}$$

图 7-5 所示为 $\lambda = 3$ 时，特征模型与精确动力学模型误差的频率特性。从幅频特性曲线可以看出，误差在低频段很小，并且随频率的增加而增大。最大值在作动系统转折频率(8.3Hz)处的误差为–22dB，即相对误差小于 8%。因此，在相同控制输入的动态响应过程中，作动系统特征模型与实际系统基本等价。

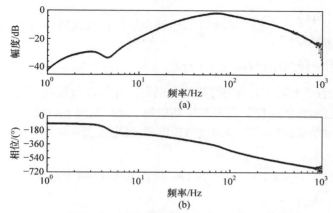

图 7-5　特征模型与精确动力学模型误差的频率特性($\lambda = 3$)

7.2　故障检测器

7.2.1　故障检测器设计

为实现对作动系统的故障检测，在状态空间下对作动系统特征模型设计闭环状态观测器，通过比较状态变量预估值与实测状态的残差来判断是否发生故障。通过观测增益矩阵 K 将实际系统输出与特征模型输出误差引入特征模型的输入，能够有效消除因初值差异和建模误差引起的特征模型与实际输出误差的累积效应，降低虚警率。

采用转速给定信号 $\Omega^*(s)$ 作为特征模型的参考输入，其时域信号的最大值和作动系统实际能达到的最大值相同，即转速参考输入的最大值对应于作动系统速率饱和值，因此可保证系统速率饱和特性对故障检测结果没有影响。这样能避免系统速率饱和产生的虚警，并提高故障检测速度。将式(7-12)和式(7-13)串接的开环模型写为状态空间方程，可得

$$\begin{cases} \dot{x}(t) = Ax(t) + B\omega^*(t) \\ y(t) = Cx(t) \end{cases} \tag{7-15}$$

其中，$x(t) = \begin{bmatrix} \theta(t) \\ \omega(t) \end{bmatrix}$，$\theta(t)$ 和 $\omega(t)$ 分别为作动系统的位移和速度；$A = \begin{bmatrix} 0 & 1 \\ 0 & -\omega_c \end{bmatrix}$；$B = \begin{bmatrix} 0 \\ \omega_c \end{bmatrix}$；$C = [1 \ 0]$。

对式(7-15)离散化，可得作动系统离散化特征模型，即

$$x(k+1) = Fx(k) + G\omega^*(k) \tag{7-16}$$

其中，$x(k) = \begin{bmatrix} \theta(k) \\ \omega(k) \end{bmatrix}$，$\theta(k)$ 和 $\omega(k)$ 为作动系统位移和速度在 k 时刻的采样值；

$F = \mathrm{e}^{AT}$，T 为采样周期；$G = \int_0^T \mathrm{e}^{At}\mathrm{d}\tau B$。

不失一般性，可在式(7-16)的基础上根据情况设计预报观测器或现时观测器。以一步预报观测器为例(控制器采样周期较短，计算延时 τ 相对于采样周期 T 不可忽略)，基于作动系统特征模型的故障诊断器(采用预报观测器)如图 7-6 所示。其模型表达式为

$$\hat{x}(k+1) = F\hat{x}(k) + G\omega^*(k) + K(\theta(k) - C\hat{x}(k)) \tag{7-17}$$

其中，$\hat{x}(k) = \begin{bmatrix} \hat{\theta}(k) \\ \hat{\omega}(k) \end{bmatrix}$。

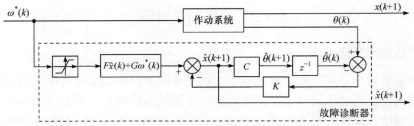

图 7-6　基于作动系统特征模型的故障诊断器(采用预报观测器)

在图 7-6 中，$\omega^*(k)$ 为速度参考输入，$\hat{x}(k)$ 为状态观测值或估计值，即作动系统速度和位移响应的估计值，其中 $\hat{\omega}(k)$ 为速度估计值，$\hat{\theta}(k)$ 为位移估计值。

合理选取增益矩阵 K 是设计状态观测器，即故障诊断器的关键。设计闭环状态观测器，用实际输出对估计值进行修正，可以克服开环观测器仅根据输入和模型参数进行估计的缺点。传统状态观测器主要用于实时重构并快速逼近实际系统的真实状态，因此观测器的频率响应要比实际系统快(一般要求是原系统的 3～5 倍)。本节状态观测器用于生成实际系统无故障运行时的状态，所以观测器响应不能太快(可取原系统带宽的 1/10)。这样既能避免速度环特征模型误差及系统气动铰链力矩等不确定因素的影响，又能有效检测作动系统的突发故障，还可以避免由观测器状态修正过快导致的无法对系统进行有效故障诊断问题。

根据这一要求，可确定观测器自然角频率 ω_n^* 为作动系统特征参量带宽 ω_n 的 0.1～0.2 倍，阻尼比为 ζ，进而确定 s 平面中的两个极点 $s_{1,2} = \zeta\omega_n^* \pm \mathrm{j}\sqrt{1-\zeta^2}\,\omega_n^*$。由 $\beta_i = \mathrm{e}^{s_i T}$ $(i=1,2)$ 可得 z 平面中的极点分布。特征方程为

$$\alpha_e(z) = (z - \beta_1)(z - \beta_2) \tag{7-18}$$

于是

$$|zI - F + KC| = \alpha_e(z) \tag{7-19}$$

可得预报观测器增益矩阵，即

$$K = \alpha_e(F)\begin{bmatrix} C \\ CF \end{bmatrix}^{-1}\begin{bmatrix} 0 \\ 1 \end{bmatrix} \tag{7-20}$$

若计算机采样周期较长(计算延时 τ 与采样周期 T 相比很小)，可在式(7-16)的基础上设计图 7-7 所示的现时观测器。其表达式为

$$\bar{x}(k+1) = F\hat{x}(k) + G\omega^*(k) \tag{7-21}$$

$$\hat{x}(k+1) = \bar{x}(k+1) + K[\theta(k+1) - C\bar{x}(k+1)] \tag{7-22}$$

其中，$\bar{x}(k+1) = \begin{bmatrix} \bar{\theta}(k+1) \\ \bar{\omega}(k+1) \end{bmatrix}$，表示 $x(k)$ 的一步预报值。

与设计预报观测器的方法类似，可得采用现时观测器的增益矩阵，即

$$K = \alpha_e(F)\begin{bmatrix} CF \\ CF^2 \end{bmatrix}^{-1}\begin{bmatrix} 0 \\ 1 \end{bmatrix} \tag{7-23}$$

在图 7-7 中，$\bar{x}(k+1)$ 为特征模型状态一步预报值，即作动系统特征模型状态响应的估计值，其中 $\bar{\omega}(k+1)$ 为速度估计值，$\bar{a}(k+1)$ 为位移估计值。

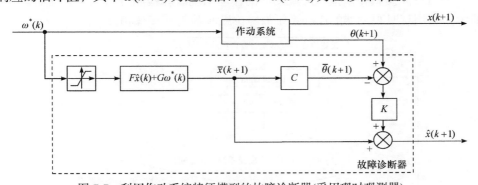

图 7-7　利用作动系统特征模型的故障诊断器(采用现时观测器)

7.2.2　故障检测方法

如上所述，根据控制器计算延时 τ 相对于采样周期 T 的大小，可分别选择预报观测器和现时观测器计算作动系统速度和位移的参考值。根据速度、位移的实际值与参考值残差的窗口积分是否超过预设阈值，判断作动系统回路中是否有故障。对误差进行窗口积分(滑动积分窗口宽度选为 N 个采样周期)可以抑制随机噪

声对故障检测的影响，进一步提高算法的鲁棒性和故障检测的可靠性。

判断作动系统回路中是否有故障的基本步骤如下。

(1) 设定判断作动系统回路发生故障的速率阈值和位置阈值，可由式(7-7)和式(7-8)计算得出。速度误差窗口积分阈值为 $J_{\text{th}\_\sum\omega}=\dfrac{RT_f N}{\eta C_m C_e i}$，位移误差窗口积分阈值为 $J_{\text{th}\_\sum\theta}=\dfrac{RT_f N}{\eta C_m K_\theta K_\omega}$。

(2) 计算当前时刻状态预报观测器的状态响应，即作动系统速度和位移响应的参考值 $\hat{\omega}(k)$ 和 $\hat{\theta}(k)$（对于现时观测器是 $\bar{\omega}(k)$ 和 $\bar{\theta}(k)$ ）。

(3) 通过传感器获取作动系统输出速度和位移的实际值 $\omega(k)$ 和 $\theta(k)$。

(4) 计算速度误差和位移误差，即作动系统速度响应的参考值与实际值的误差 $|\hat{\omega}(k)-\omega(k)|$，以及系统位移响应的参考值与实际值的误差 $|\hat{\theta}(k)-\theta(k)|$。

(5) 计算上述误差积分，即对速度误差和位移误差分别进行窗口积分求和。

(6) 将速度误差窗口积分与阈值进行比较，如果速度误差积分大于速度误差窗口积分阈值，则判断故障发生并进行报警。

(7) 将位移误差窗口积分与阈值进行比较，如果位移误差窗口积分大于位移误差窗口积分阈值，则判断故障发生并进行报警；否则，利用位移误差对一步预报或现时状态观测器状态进行实时修正并执行(2)，继续下一采样周期的故障检测。

采用特征模型和预报状态观测器的作动系统故障检测方法基本流程如图 7-8 所示。采用现时观测器的作动系统故障诊断步骤与其步骤相似。

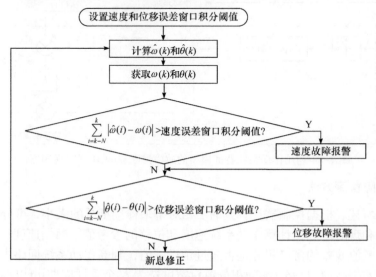

图 7-8　作动系统故障检测方法基本流程

7.3　仿真验证与试验测试

7.3.1　仿真验证与结果分析

为验证上述故障诊断方法的有效性和正确性，对某机电作动系统进行仿真分析。其中，作动系统的输出行程为–25～+25mm、额定载荷为2kN、额定载荷时最大速度为128mm/s、位置环自然频率为6Hz、阻尼比为0.98。试验验证了作动系统带额定负载运行时，在出现速率饱和及不确定负载扰动的情况下，故障检测的快速性和有效性。通过对作动系统建立特征模型并设计预报观测模型，分别验证系统在阶跃输入和三角波输入下系统故障检测的效果。

设置作动系统的初始值为0mm，阶跃输入幅值为24mm，触发时刻为0s。作动系统所用电机的绕组内阻为 0.102Ω，转矩常数为 13.5N·m/A，反电势常数为 7×10^{-4} V/r/min，系统效率约为80%。根据参数设置，可得速度残差的故障阈值为13mm/s，积分窗口宽度为100。图 7-9 所示为作动系统位移输出与特征模型估计位移(参考值)的比较。图 7-10 所示为作动系统速度与模型估计速度(速度估计值)比较。图 7-11 所示为作动系统阶跃响应的速度残差和故障检测结果。

由图 7-9 和图 7-10 可以看出，作动系统阶跃响应时出现速率饱和现象。此时，模型的估计值依旧能很好地反映实际输出值，避免传统线性模型由系统速率饱和导致的虚警。在图 7-10 中，作动系统特征模型的饱和速率值依据额定速度进行计

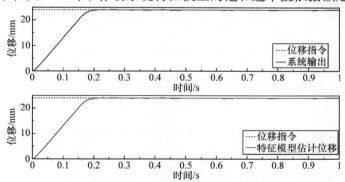

图 7-9　作动系统位移输出与特征模型估计位移的比较

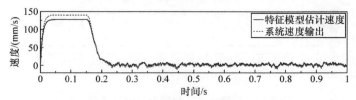

图 7-10　作动系统速度与特征模型估计速度的比较

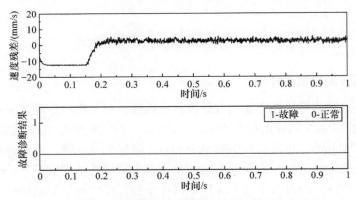

图 7-11　阶跃响应的速度残差和故障检测结果

算，其值为 128mm/s。此时，作动系统并未带载，其速率饱和值为空载速率140mm/s。两者速度残差小于 13mm/s 的阈值，并未影响故障检测的结果(图 7-11)。可以看出，电机机械特性的刚度很高，载荷变化对速度的影响非常有限。对作动系统速度输入输出建立特征模型检测故障，不受作动系统饱和速率值因载荷变化的影响，具有鲁棒性强的特点。此外，闭环观测器的实时信息修正能够使作动系统受到不确定扰动时，特征模型依旧能很好地反映实际输出，有效避免传统线性模型由不确定气动载荷导致的虚警问题(图 7-12)。

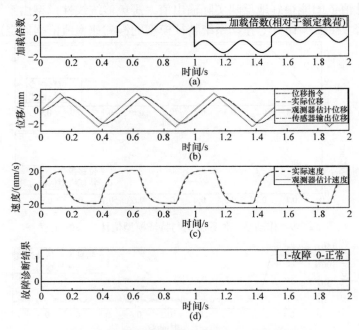

图 7-12　受载荷时系统状态变量及诊断结果

为检验作动系统运动过程中模型对故障的检测效果，在 0.5～1.2s 将反馈通道断开，模拟注入一个传感器故障。作动系统的输入为三角波，其初始值为 0mm，幅值为 2.5mm，频率为 2Hz，速度残差的故障阈值为 13mm/s，取窗口积分宽度为 100。作动系统位移输出与特征模型位移估计的响应(位移参考值)比较，作动系统速度输出与特征模型估计的速度比较，以及相应速度残差曲线和故障检测结果如图 7-13 所示。

为检验系统对驱动器故障的诊断效果，在 0.5～1.2s 模拟一个驱动器故障，其他条件加上所述，仿真结果如图 7-14 所示。

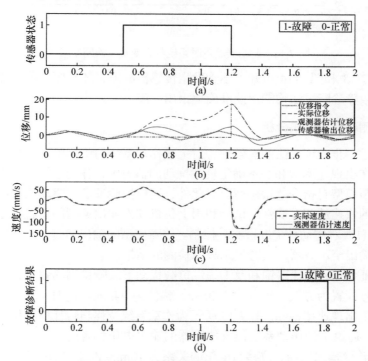

图 7-13　传感器故障时系统状态变量及诊断结果

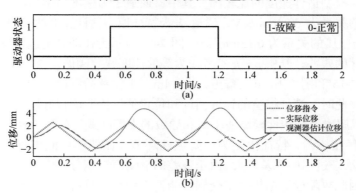

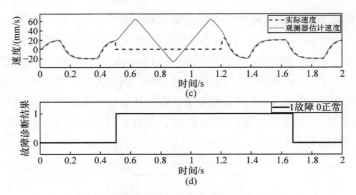

图 7-14　驱动器故障时系统状态变量及诊断结果

由图 7-13 和图 7-14 可知，不管发生传感器故障，还是驱动器故障，采用特征模型的故障诊断方法均能快速准确地报出故障。

7.3.2　实测验证与结果分析

为了进一步验证方法的实效性，对上述作动系统的仿真验证结果进行实测验证。验证在出现速率饱和及不确定负载扰动的情况下，作动系统带额定负载运行时故障诊断模型对指令的跟踪情况。此外，还模拟验证了在驱动器输出故障时，故障检测的快速性和准确性。试验利用上位机软件输出典型的位置给定信号，通过 RS422 总线对作动系统进行实时控制。故障模型的输出通过作动系统控制器的 D/A 转换输出至示波器，实时显示故障检测的结果。

为验证作动系统速率饱和及不确定负载扰动下故障检测的效果，将上位机位置给定信号配置为方波，频率为 0.20Hz，幅值为 24mm。此时，作动系统在动态响应过程中出现速率饱和。图 7-15 所示为作动系统位移与特征模型估计位移的比较。其中，通道 1 为作动系统位置传感器的输出电压，通道 2 为特征模型估计位移的 D/A 转换输出电压，位移与电压的关系为 10mm/V。图 7-16 所示为作动系统速度与特征模型估计速度的比较图。其中，通道 1 为速度传感器的输出电压，速度与电压的关系为 0.03mm/s/V；通道 2 为特征模型估计速度的 D/A 转换输出电压，速度与电压的关系为 0.15mm/s/V。图 7-17 所示为作动系统速度输出与特征模型速度估计的残差，其中 a、b 参考线为等效速度残差阈值。

由图 7-15 和图 7-16 可以看出，在 24mm 大位移阶跃响应中，作动系统出现速率饱和。此时，特征模型的速度估计和位置估计依旧能很好地反映实际系统的输出，可以解决传统线性模型速率饱和导致的虚警问题。在图 7-16 中，由于实际系统响应存在超调，特征模型为一阶惯性环节，显然不可能出现超调。这导致图 7-17 中动态过程的残差较大。由于残差的滑动窗口积分并未超过预设阈值的窗口积分，因此故障检测结果并未受到影响，表明算法具有很强的鲁棒性。

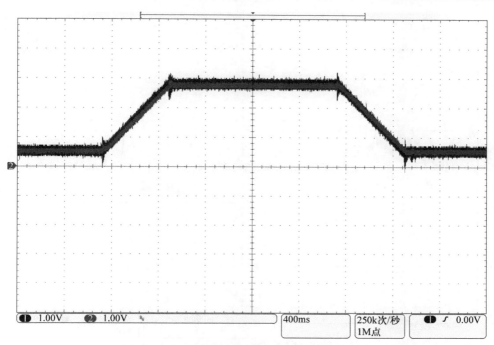

图 7-15　作动系统位移与特征模型估计位移比较

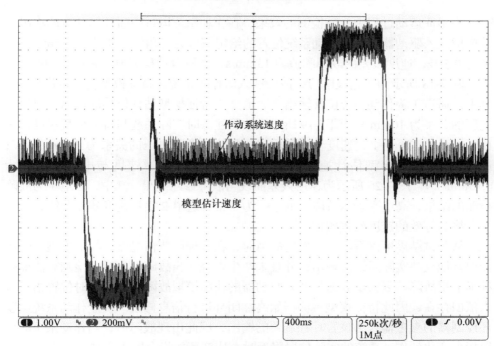

图 7-16　作动系统速度与特征模型估计速度比较

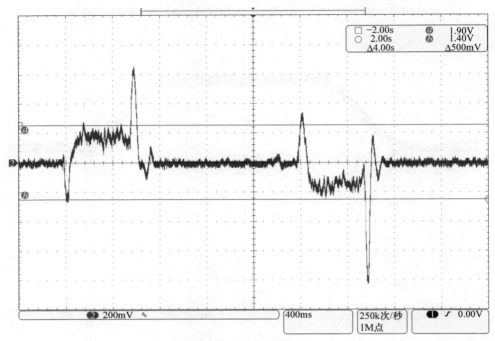

图 7-17   速度残差曲线

为验证运动过程中故障检测的效果，在作动系统运行中断开驱动器的输出，并模拟注入驱动器故障。作动系统位置的给定信号为三角波，幅值为 7.5mm，频率为 0.5Hz，速度残差的故障阈值为 13mm/s，选取滑动积分窗口宽度为 100。

图 7-18 所示为三角波响应，故障注入时作动系统与特征模型位移输出比较。其中，通道 1 为作动系统位移输出，通道 2 为特征模型估计位移的输出，位移与电压的关系为 10mm/V。图 7-19 所示为故障注入时实际系统与特征模型速度输出比较。其中，通道 1 为速度传感器输出电压，速度与电压的关系为 0.03mm/s/V；通道 2 为故障模型估计速度的 D/A 转换输出电压，速度与电压的关系为 0.15mm/s/V。图 7-20 所示为速度残差曲线与故障诊断结果。其中，通道 1 为故障检测的结果，高电平表示故障，低电平为正常；通道 2 表示速度残差曲线，a、b 参考线为等效的速度残差阈值。

从测试结果可以看出，未发生故障时，在多种严苛情况下，特征模型的输出能很好地反映实际系统的输出，并且未产生虚警。当故障发生时，检测算法能够准确上报故障。因为试验通过断开驱动器的输出模拟故障发生，此时位置指令输入依旧存在，因此特征模型观测器始终在闭环进行信息修正。由于作动系统速度环控制器的参考输入为位置环控制器的输出，因此出现故障后，当作动系统的位置指令变化到作动系统的实际位置附近时，速度环的指令输入会减小。由于故障

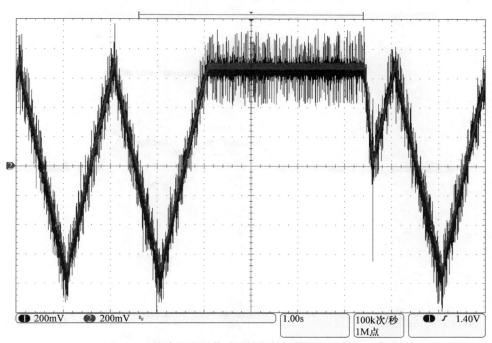

图 7-18 故障注入时作动系统与特征模型位移输出比较

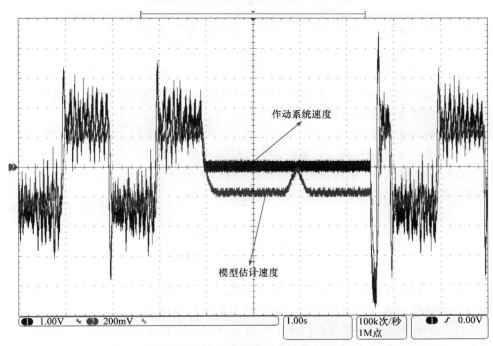

图 7-19 故障注入时实际系统与特征模型速度输出比较

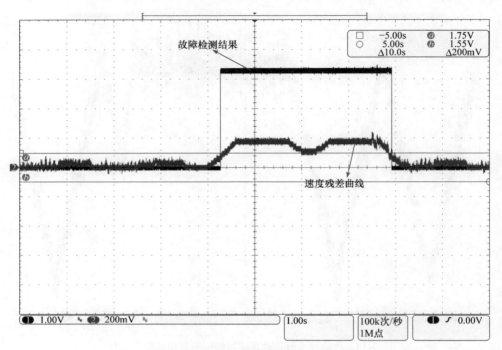

图 7-20　速度残差曲线与故障诊断结果

诊断模型是以速度给定信号为参考输入，因此模型的速度估计值也会减小，其效果如图 7-19 中故障发生 2s 处的情况。由于状态观测器的自然角频率 ω_n^* 为作动系统自然角频率 ω_n 的 10%，新息修正较慢，因此未对故障检测产生影响，算法仍能及时检出故障。对残差进行滑动窗口滤波可以进一步提高故障检测算法的鲁棒性，其效果如图 7-20 中故障后 2s 处的情况。

从仿真分析和实测验证的结果可以看出，当作动系统存在速率饱和时，故障检测无虚警；当受到不确定负载扰动时，检测结果无虚警；当运动过程出现故障时，故障诊断模型能快速、准确报警。采用作动系统特征模型的故障诊断方法可以实现故障检测的低虚警，同时快速、准确上报故障。

7.4　总　　结

采用特征模型的作动系统故障检测方法，不但可以解决传统线性模型故障检测方法的误报、虚警率高等难题，而且具有如下显著优点。

(1) 特征模型的特征参数仅由系统带宽及速度饱和速率值决定，无须关注作动系统的结构、驱动电机，以及控制器参数，具有独立性好、模型和参数选取简单的优点。

(2) 特征模型输入为速度指令。在实际系统中，一方面必须限幅，另一方面限幅不会对系统的动态特性造成影响。特征模型用速度指令作为输入并进行限幅，不但可以避免实际系统速度饱和引起的虚警，而且可以限定在作动系统最大速度之内而不影响动态特性。在此范围内可以把系统作为线性系统，用线性系统理论处理(回避非线性)，简化问题。

(3) 在用于高精度作动系统时，作动系统速度环具有较高增益，即其机械特性具有较高的刚度。采用对实际系统及特征模型两者速度误差的监控代替输出位置误差的监控，可以有效避免气动载荷及不确定扰动对故障诊断的影响，并且实时性好。

(4) 将监控模型(特征模型)输出和实际作动系统输出的偏差反馈至监控模型输入，构成闭环状态估计器，能够避免两者差异，以及建模误差经积分器累积后对监控结果的影响，提高诊断算法的长期稳定性。

相关仿真和测试试验结果表明，该方法可以有效避免作动系统载荷不确定及自身速率饱和引起的虚警；故障检出迅速、准确性高；特征模型参数仅与作动系统通频带及饱和速率有关，具有简单、实用等显著优点。

参 考 文 献

[1] 朱纪洪, 和阳, 黄志毅. 舵机特征模型及其故障检测方法. 航空学报, 2015, 2: 640-650.

[2] 和阳. 机载机电伺服系统的高性能控制研究. 北京: 清华大学, 2017.

[3] 吴宏鑫, 解永春, 李智斌, 等. 基于对象特征模型描述的智能控制. 自动化学报, 1999, (1): 12-20.

[4] 吴宏鑫, 刘一武, 刘忠汉, 等. 特征建模与挠性结构的控制. 中国科学: E 辑　技术科学, 2001, (2): 137-149.

[5] 吴宏鑫, 王迎春, 邢琰. 基于智能特征模型的智能控制及应用. 中国科学: E 辑　技术科学, 2002, (6): 805-816.

[6] Wu H X, Hu J, Xie Y C. Characteristic model-based all-coefficient adaptive control method and its applications. IEEE Transactions on Systems Man & Cybernetics Part C: Applications & Reviews, 2007, 37(2): 213-221.

[7] 孟斌, 吴宏鑫. 线性定常系统特征模型的证明. 中国科学: E 辑　信息科学, 2007, (10): 1258-1271.

附录 A 空间矢量脉宽调制

由于三相交流电具有许多优势，如效率较高、输电线缆较少、相电压及任意两相间的线电压均空间对称，因此使用方便、应用广泛。在逆变器方面，由于采用 PWM 方式工作的功率放大器效率高，因此大功率逆变器几乎无例外地采用 PWM 方式工作[1]。采样 PWM 方式工作的三相逆变器应用最为广泛，也是研究的重点，其中空间矢量脉宽调制(space vector pulse width modulation, SVPWM)优势明显。例如，由于每次功率管开关只涉及一个开关器件，开关损耗小，算法简单易于实现，逆变器输出线电压基波最大值为母线电压，比正弦脉宽调制(sine pulse width modulation, SPWM)逆变器输出电压高 15%[2]，电压利用率高。基于上述原因，下面介绍三相逆变器 SVPWM 的基本原理及实现方法[3]。

A.1 理 论 基 础

A.1.1 空间电压矢量

在三相逆变器或变流器中，每相电压或电流等变量都是标量，但与电机连接后就与相应的磁场向量相对应，因此将相关电压、电流作为矢量处理是一种合理的方法，可以为问题的分析、处理带来方便。上述思想中的一个重要概念就是空间电压矢量。三相逆变器空间矢量调制的目的是通过三个桥臂的开关产生期望的空间电压矢量。

假设三相对称交流电流或电压的 3 个分量分别为 x_a、x_b、x_c，合成矢量可表示为

$$X_s = x_a + \alpha x_b + \alpha^2 x_c \tag{A-1}$$

其中，$\alpha = e^{j\frac{2}{3}\pi}$；$\alpha^2 = e^{-j\frac{2}{3}\pi}$。

其实部和虚部分别为

$$\begin{cases} \mathrm{Re}\, X_s = x_a + x_b \cos\frac{2}{3}\pi + x_c \cos\left(-\frac{2}{3}\pi\right) \\ \mathrm{Im}\, X_s = x_b \sin\frac{2}{3}\pi + x_c \sin\left(-\frac{2}{3}\pi\right) \end{cases} \tag{A-2}$$

显然，在 0、$\frac{2}{3}\pi$、$-\frac{2}{3}\pi$ 三个方向上的分量 x_a、x_b、x_c 可唯一确定一个矢量，若已知合成矢量，也可由 0、$\frac{2}{3}\pi$、$-\frac{2}{3}\pi$ 方向上的分量合成等价。

在理想情况下，电机相电压为三相对称的正弦波[4]。假设电机相电压的瞬时值为

$$\begin{cases} u_a = U_m \sin \omega t \\ u_b = U_m \sin\left(\omega t - \dfrac{2}{3}\pi\right) \\ u_c = U_m \sin\left(\omega t + \dfrac{2}{3}\pi\right) \end{cases} \tag{A-3}$$

其中，U_m 为相电压幅值；ω 为相电压的角频率。

此时，按照合成电压矢量的定义，对应的电压空间矢量为

$$U_s = \frac{3}{2}U_m e^{j\left(\omega t - \frac{\pi}{2}\right)} \tag{A-4}$$

可见，理想情况下的电机空间电压矢量是一个模为 $\dfrac{3}{2}U_m$ 的圆形旋转矢量。若能控制逆变器生成相同的圆形旋转矢量，则可获得与三相对称正弦电压供电相同的控制效果[5]。

电压源型逆变器(voltage source inverter，VSI) 及电机绕组连接关系如图 A-1 所示。用 S_A、S_B、S_C 分别表示 A、B、C 三相所对应桥臂的状态，$S_A=1$ 表示 A 相桥臂上管导通、下管关闭，$S_A=0$ 表示 A 相桥臂上管关闭、下管导通，S_B、S_C 的定义类似[6]。

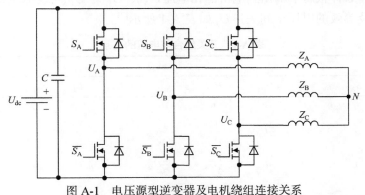

图 A-1　电压源型逆变器及电机绕组连接关系

采用不同的开关组合，逆变器三个桥臂共有 8 种工作状态。这 8 种状态对应 8 个电压空间矢量，即

$$U(S_A, S_B, S_C) = \frac{2U_{dc}}{3}\left(S_A + S_B e^{j\frac{2}{3}\pi} + S_C e^{-j\frac{2}{3}\pi}\right) \tag{A-5}$$

其中，U_{dc} 为直流母线电压。

定义二进制状态 $S \stackrel{\text{def}}{=} S_A \ll 2 + S_B \ll 1 + S_C$，当 $S=100$ 时，绕组连接关系如图 A-2 所示，即 B、C 相绕组并联后和 A 相绕组串联，稳态时，有

$$\begin{cases} U_{AN} = \dfrac{2}{3}U_{dc} \\[2mm] U_{BN} = -\dfrac{1}{3}U_{dc} \\[2mm] U_{CN} = -\dfrac{1}{3}U_{dc} \end{cases} \tag{A-6}$$

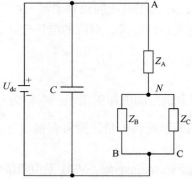

图 A-2　状态 $S = 100$ 时的等效电路

逆变器 8 种状态下输出到电机的相电压 U_{AN}、U_{BN}、U_{CN}、线电压 U_{AB}、U_{BC}、U_{CA}，以及等效的电压空间矢量 U_s 如表 A-1 所示[7]。

表 A-1　开关组合与电压的关系

开关状态	变量									
	S_A	S_B	S_C	U_{AN}	U_{BN}	U_{CN}	U_{AB}	U_{BC}	U_{CA}	U_s
000	0	0	0	0	0	0	0	0	0	0
100	1	0	0	$\frac{2}{3}U_{dc}$	$-\frac{1}{3}U_{dc}$	$-\frac{1}{3}U_{dc}$	U_{dc}	0	$-U_{dc}$	$\frac{2}{3}U_{dc}e^{j0\pi}$
110	1	1	0	$\frac{1}{3}U_{dc}$	$\frac{1}{3}U_{dc}$	$-\frac{2}{3}U_{dc}$	0	U_{dc}	$-U_{dc}$	$\frac{2}{3}U_{dc}e^{j\frac{\pi}{3}}$
010	0	1	0	$-\frac{1}{3}U_{dc}$	$\frac{2}{3}U_{dc}$	$-\frac{1}{3}U_{dc}$	$-U_{dc}$	U_{dc}	0	$\frac{2}{3}U_{dc}e^{j\frac{2\pi}{3}}$
011	0	1	1	$-\frac{2}{3}U_{dc}$	$\frac{1}{3}U_{dc}$	$\frac{1}{3}U_{dc}$	$-U_{dc}$	0	U_{dc}	$\frac{2}{3}U_{dc}e^{j\pi}$
001	0	0	1	$-\frac{1}{3}U_{dc}$	$-\frac{1}{3}U_{dc}$	$\frac{2}{3}U_{dc}$	0	$-U_{dc}$	U_{dc}	$\frac{2}{3}U_{dc}e^{j\frac{4\pi}{3}}$
101	1	0	1	$\frac{1}{3}U_{dc}$	$-\frac{2}{3}U_{dc}$	$\frac{1}{3}U_{dc}$	U_{dc}	$-U_{dc}$	0	$\frac{2}{3}U_{dc}e^{j\frac{5\pi}{3}}$
111	1	1	1	0	0	0	0	0	0	0

由表 A-1 可知，在 8 种空间电压矢量中，包含 6 个大小为 $\frac{2}{3}U_{dc}$ 的非零矢量和 2 个零矢量，如图 A-3 所示。6 个非零矢量在一个电周期，即 2π 圆周内均匀对称分布，并将一个电周期划分成 6 个扇区。

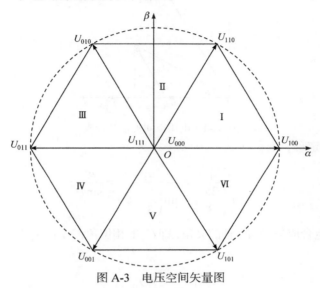

图 A-3 电压空间矢量图

A.1.2 伏秒平衡原理

伏秒平衡原理是空间矢量脉宽调制的理论基础。一个开关周期内某个矢量的作用效果等同于两个基础矢量分别作用不同时间的效果之和。因此，对于任一给定的空间电压矢量 U_s，其在时间 T_s 内的作用效果，根据伏秒平衡原理可由其所在扇区两边的基础空间电压矢量分别作用不同的时间等效。令 U_z 为零矢量、T_z 为零矢量作用时间、U_x 和 U_y 分别为某一扇区中的两个相邻矢量、T_x 和 T_y 分别为作用时间，可得

$$U_sT_s = U_xT_x + U_yT_y + U_zT_z$$

其中，$T_x + T_y + T_z = T_s$。

可以看出，只要控制相邻矢量(基础矢量)的作用时间，即控制逆变器相应桥臂的开关时间，理论上就可以合成图 A-3 中六边形内的任意空间电压矢量。在工程实现时，控制器定时器的分辨率和精度越高、开关频率越快，等效精度就越高。

A.1.3 空间矢量脉宽调制及调制比

在图 A-3 中，若空间电压矢量位于扇区 I，则可用相邻的电压矢量 U_{100} 和 U_{110}

合成。这两个相邻的电压矢量就是此时的基础电压矢量，如图 A-4 所示。

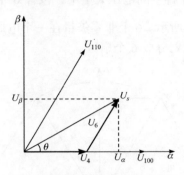

图 A-4　电压空间矢量的合成

根据正弦定理，有

$$\frac{|U_s|}{\sin\left(\dfrac{2\pi}{3}\right)} = \frac{u_4}{\sin\left(\dfrac{\pi}{3}-\theta\right)} = \frac{u_6}{\sin\theta} \tag{A-7}$$

其中，θ 为给定合成矢量与 α 轴的夹角，即 U_s 的相位角；u_4 和 u_6 为 U_4 和 U_6 的大小。

于是

$$\begin{cases} u_4 = \dfrac{T_4 |U_{100}|}{T_s} \\[3mm] u_6 = \dfrac{T_6 |U_{110}|}{T_s} \end{cases} \tag{A-8}$$

式中，T_4、T_6 为基础电压矢量 U_{100} 和 U_{110} 的作用时间；T_s 为 PWM 周期。

记合成矢量 U_s 的幅值为 U_{sm}，于是

$$U_s = U_{sm} \cdot e^{j\theta} \tag{A-9}$$

由式(A-7)可得

$$\begin{cases} \dfrac{u_4}{\sin\left(\dfrac{\pi}{3}-\theta\right)} = \dfrac{U_{sm}}{\sin\left(\dfrac{2\pi}{3}\right)} \\[5mm] \dfrac{u_6}{\sin\theta} = \dfrac{U_{sm}}{\sin\left(\dfrac{2\pi}{3}\right)} \end{cases} \tag{A-10}$$

即

$$\begin{cases} u_4 = \dfrac{U_{sm}\sin\left(\dfrac{\pi}{3}-\theta\right)}{\sin\left(\dfrac{2\pi}{3}\right)} \\[6mm] u_6 = \dfrac{U_{sm}\sin\theta}{\sin\left(\dfrac{2\pi}{3}\right)} \end{cases} \tag{A-11}$$

显然，合成的电压矢量也可以表示为

$$U_s = u_4 \cdot \mathrm{e}^{\mathrm{j}0} + u_6 \cdot \mathrm{e}^{\mathrm{j}\frac{\pi}{3}} \tag{A-12}$$

而由式(A-8)可知

$$\begin{cases} u_4 = \dfrac{T_4}{T_s}\cdot\dfrac{2}{3}U_{\mathrm{dc}} \\[5mm] u_6 = \dfrac{T_6}{T_s}\cdot\dfrac{2}{3}U_{\mathrm{dc}} \end{cases} \tag{A-13}$$

于是

$$\begin{cases} T_4 = \dfrac{U_{sm}\sin\left(\dfrac{\pi}{3}-\theta\right)\cdot T_s}{\dfrac{2}{3}U_{\mathrm{dc}}\sin\left(\dfrac{2\pi}{3}\right)} \\[8mm] \quad = \dfrac{\sqrt{3}U_{sm}\sin\left(\dfrac{\pi}{3}-\theta\right)}{U_{\mathrm{dc}}}\cdot T_s \\[8mm] T_6 = \dfrac{U_{sm}\sin\theta\cdot T_s}{\dfrac{2}{3}U_{\mathrm{dc}}\sin\left(\dfrac{2\pi}{3}\right)} \\[8mm] \quad = \dfrac{\sqrt{3}U_{sm}\sin\theta}{U_{\mathrm{dc}}}\cdot T_s \end{cases} \tag{A-14}$$

对于空间电压矢量U_s位于其他扇区的情形，可以得出类似的相邻矢量作用时间。因此，对任意由幅值U_{sm}、相角θ决定的空间电压矢量(式(A-9))，只要其大小未超过图 A-3 中六边形所确定的范围，就可以找到唯一由基础电压矢量的等效实现。定义

$$M \overset{\text{def}}{=\!=} \frac{\sqrt{3}U_{sm}}{U_{\mathrm{dc}}} \tag{A-15}$$

即等效线电压与母线电压之比为调制比。结合图 A-3 可知，在空间矢量脉宽调制中U_{sm}的最大值为$\dfrac{2}{3}U_{\mathrm{dc}}$，最大调制比为 1.1547；在 SPWM 中，最大调制比为 1，

所以空间电压矢量脉宽调制的母线电压利用率高，有利于提高系统效率。

A.1.4　基础矢量作用次序

在计算得到各基础电压空间矢量的作用时间后，下一步就是如何产生实际的脉冲宽度调制波形。理论上，只要基础矢量的作用时间满足伏秒平衡等效的需求，无论基础矢量作用顺序怎样，都可以等效得出目标矢量。

要满足式(A-6)有很多实现途径，如通过不间断地输出基础电压矢量的五段式调制和七段式调制。当期望空间电压矢量位于第 1 扇区时，自然会想到先输出 U_{100}，再输出 U_{110} 构成三段式调制，如图 A-5 所示。可以看出，除零矢量，一个周期内有两个非零电压矢量，即 U_{100} 和 U_{110}，一个周期被分为三段，但是开关 4 次。与五段式调制相比，虽然同样是开关 4 次，但是存在两管状态同时变化的情形，加之电流谐波含量高，因此很少使用。

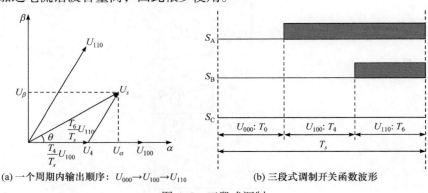

(a) 一个周期内输出顺序：$U_{000} \rightarrow U_{100} \rightarrow U_{110}$　　(b) 三段式调制开关函数波形

图 A-5　三段式调制

进一步，可把相关基础矢量、零矢量均匀地分成两部分对称地输出，将 U_{100} 均匀地分成两部分，再在平分的 U_{100} 之间输出 U_{110}，即可得到五段式调制。如图 A-6 所示，每个周期由五段矢量组成，零矢量分散至两边，并且单个周期内只选择使

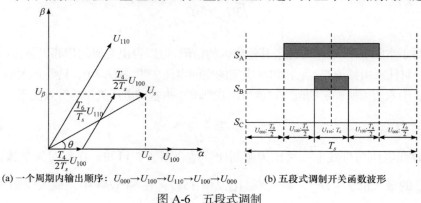

(a) 一个周期内输出顺序：$U_{000} \rightarrow U_{100} \rightarrow U_{110} \rightarrow U_{100} \rightarrow U_{000}$　　(b) 五段式调制开关函数波形

图 A-6　五段式调制

用一种零矢量。由于只进行 4 次开关切换,因此这种方法可以降低开关损耗,但是电流谐波含量较高。

若再将 U_{110} 均匀地分成两部分,则中间必须插入零矢量。根据开关次序最少原则,根据初始状态应插入零矢量 U_{111},这样就可以得到七段式调制(图 A-7)。

由图 A-7 可知,在一个周期内共有七个状态,逆变器共开关 6 次。七段式调制可以有效减少电流谐波。为降低损耗,调制时每次矢量的变化都只改变单个桥臂的功率管,并且通过合理利用零矢量减少功率管的开关次数。七段式调制每个周期的开关次数较多,但波形对称且谐波分量小,是目前应用较多的调制方式。

七段式调制对零矢量的使用较为灵活,零矢量 U_{000} 分散于两边,左右对称;零矢量 U_{111} 放于中间。将零矢量分散到控制周期的首尾和中间,并保持对称的方法可以最小化电流谐波分量,有效减少电机转矩脉动。

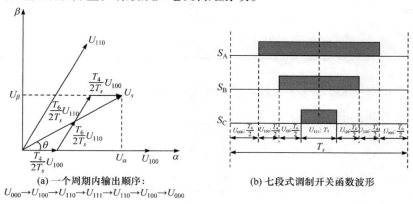

(a) 一个周期内输出顺序:
$U_{000} \rightarrow U_{100} \rightarrow U_{110} \rightarrow U_{111} \rightarrow U_{110} \rightarrow U_{100} \rightarrow U_{000}$

(b) 七段式调制开关函数波形

图 A-7　七段式调制

A.2　实　现　步　骤

空间矢量脉宽调制可以通过微处理器实现。首先,获取需要输出的空间电压矢量,判断其在矢量圆中所在的扇区,然后确定后续控制所需的基础矢量,再根据目标电压矢量的幅值与相位计算对应基础矢量的作用时间和输出序列,最后生成脉宽调制波给功率驱动器,完成空间矢量脉宽调制。

A.2.1　空间电压矢量扇区判断

判断电压空间矢量扇区是实现空间矢量脉宽调制的第一步,目的是确定本开关周期内需要的基础空间电压矢量。对于某个期望电压矢量 U_s,一种实用的方法是根据 $\arctan\dfrac{U_\alpha}{U_\beta}$ 的大小,以及 U_α、U_β 的正负来判定其所在的扇区。电压矢量落在某扇区的充分必要条件如表 A-2 所示。

表 A-2　电压矢量落在某扇区的充分必要条件

扇区	充分必要条件
I	$U_\alpha > 0, U_\beta > 0$，且 $\dfrac{U_\beta}{U_\alpha} < \sqrt{3}$ $\left(\sqrt{3}U_\alpha - U_\beta > 0\right)$
II	$U_\beta > 0$，且 $\dfrac{U_\beta}{|U_\alpha|} > \sqrt{3}$ $\left(\sqrt{3}|U_\alpha| - U_\beta < 0\right)$
III	$U_\alpha < 0, U_\beta > 0$，且 $-\dfrac{U_\beta}{U_\alpha} < \sqrt{3}$ $\left(-\sqrt{3}U_\alpha - U_\beta > 0\right)$
IV	$U_\alpha < 0, U_\beta < 0$，且 $\dfrac{U_\beta}{U_\alpha} < \sqrt{3}$ $\left(-\sqrt{3}U_\alpha - U_\beta > 0\right)$
V	$U_\beta < 0$，且 $-\dfrac{U_\beta}{|U_\alpha|} > \sqrt{3}$ $\left(-\sqrt{3}|U_\alpha| - U_\beta > 0\right)$
VI	$U_\alpha > 0, U_\beta < 0$，且 $-\dfrac{U_\beta}{U_\alpha} < \sqrt{3}$ $\left(-\sqrt{3}U_\alpha - U_\beta < 0\right)$

分析可得，期望电压矢量所在的扇区完全由 U_β、$\sqrt{3}U_\alpha - U_\beta$、$-\left(\sqrt{3}U_\alpha + U_\beta\right)$ 决定。为方便，定义

$$
\begin{cases}
U_1 = U_\beta \\
U_2 = \dfrac{\sqrt{3}}{2}U_\alpha - \dfrac{1}{2}U_\beta \\
U_3 = -\dfrac{\sqrt{3}}{2}U_\alpha - \dfrac{1}{2}U_\beta
\end{cases}
\tag{A-16}
$$

同时，定义变量 A、B、C。

(1) 若 $U_1 > 0$，则 $A = 1$；否则，$A = 0$。

(2) 若 $U_2 > 0$，则 $B = 1$；否则，$B = 0$。

(3) 若 $U_3 > 0$，则 $C = 1$；否则，$C = 0$。

最后，定义变量 $N = 4C + 2B + A$，根据上述分析，计算 N 即可确定其所在的扇区。

N 值与电压矢量所在扇区的对应关系如表 A-3 所示。

表 A-3　N 值与电压矢量所在扇区的对应关系

扇区	N 值	A、B、C 的值	U_1、U_2、U_3 的正负
I	3	$A=1, B=1, C=0$	$U_1 > 0, U_2 > 0, U_3 < 0$
II	1	$A=1, B=0, C=0$	$U_1 > 0, U_2 < 0, U_3 < 0$
III	5	$A=1, B=0, C=1$	$U_1 > 0, U_2 < 0, U_3 > 0$

续表

扇区	N 值	A、B、C 的值	U_1、U_2、U_3 的正负
IV	4	$A=0, B=0, C=1$	$U_1<0, U_2<0, U_3>0$
V	6	$A=0, B=1, C=1$	$U_1<0, U_2>0, U_3>0$
VI	2	$A=0, B=1, C=0$	$U_1<0, U_2>0, U_3<0$

A.2.2 基础电压矢量作用时间

在确定目标矢量所在的扇区后，就需要确定其相邻两基础矢量的作用时间。在实际控制时，控制输出的电压空间矢量通常用 U_α、U_β 表示，因此 T_4、T_6 一般用 U_α、U_β 表征。下面以扇区 I 为例进行说明，电压空间矢量合成图如图 A-8 所示。

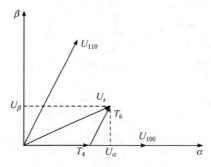

图 A-8 电压空间矢量合成图

在图 A-8 中，当 U_{100} 输出时长为 T_4，U_{110} 输出时长为 T_6 时，其投影到 α、β 轴的分量为

$$\begin{cases} U_\alpha = \dfrac{T_4}{T_s}|U_{100}| + \dfrac{T_6}{T_s}|U_{110}|\cos\dfrac{\pi}{3} \\ U_\beta = \dfrac{T_6}{T_s}|U_{110}|\sin\dfrac{\pi}{3} \end{cases} \tag{A-17}$$

根据 $|U_{100}| = |U_{110}| = \dfrac{2}{3}U_{dc}$，代入式(A-17)可得两个非零基础矢量的作用时长，即

$$\begin{cases} T_4 = \dfrac{\sqrt{3}T_s}{2U_{dc}}\left(\sqrt{3}U_\alpha - U_\beta\right) \\ T_6 = \dfrac{\sqrt{3}T_s}{U_{dc}}U_\beta \end{cases} \tag{A-18}$$

由前面的定义可知

$$\begin{cases} U_1 = U_\beta \\ U_2 = \dfrac{\sqrt{3}}{2}U_\alpha - \dfrac{1}{2}U_\beta \\ U_3 = -\dfrac{\sqrt{3}}{2}U_\alpha - \dfrac{1}{2}U_\beta \end{cases} \tag{A-19}$$

为表述方便，定义只与控制周期和母线电压相关的参数，即

$$K = \frac{\sqrt{3}}{U_{dc}}T_s \tag{A-20}$$

则基础矢量的作用时间可表示为

$$\begin{cases} T_4 = \dfrac{\sqrt{3}T_s}{2U_{dc}}\left(\sqrt{3}U_\alpha - U_\beta\right) = \dfrac{\sqrt{3}}{U_{dc}}U_2 T_s = U_2 K \\ T_6 = \dfrac{\sqrt{3}T_s}{U_{dc}}U_\beta = \dfrac{\sqrt{3}}{U_{dc}}U_1 T_s = U_1 K \end{cases} \tag{A-21}$$

对于七段式调制，通常令 U_{000}、U_{111} 两个零电压矢量作用时间相等，于是零矢量作用时间可设置为

$$T_0 = T_7 = \frac{T_s - T_4 - T_6}{2} \tag{A-22}$$

同理，可计算期望空间电压矢量处于其他扇区时非零矢量的作用时间，具体结果如下。

处于扇区 II 时，有

$$\begin{cases} T_6 = -\dfrac{\sqrt{3}}{U_{dc}}U_3 T_s = -U_3 K \\ T_2 = -\dfrac{\sqrt{3}}{U_{dc}}U_2 T_s = -U_2 K \\ T_0 = T_7 = \dfrac{T_s - T_2 - T_6}{2} \end{cases} \tag{A-23}$$

处于扇区 III 时，有

$$\begin{cases} T_2 = \dfrac{\sqrt{3}}{U_{dc}}U_1 T_s = U_1 K \\ T_3 = \dfrac{\sqrt{3}}{U_{dc}}U_3 T_s = U_3 K \\ T_0 = T_7 = \dfrac{T_s - T_2 - T_3}{2} \end{cases} \tag{A-24}$$

处于扇区Ⅳ时，有

$$
\begin{cases}
T_1 = -\dfrac{\sqrt{3}}{U_{dc}}U_1 T_s = -U_1 K \\[2mm]
T_3 = -\dfrac{\sqrt{3}}{U_{dc}}U_2 T_s = -U_2 K \\[2mm]
T_0 = T_7 = \dfrac{T_s - T_1 - T_3}{2}
\end{cases}
\tag{A-25}
$$

处于扇区Ⅴ时，有

$$
\begin{cases}
T_1 = \dfrac{\sqrt{3}}{U_{dc}}U_3 T_s = U_3 K \\[2mm]
T_5 = \dfrac{\sqrt{3}}{U_{dc}}U_2 T_s = U_2 K \\[2mm]
T_0 = T_7 = \dfrac{T_s - T_1 - T_5}{2}
\end{cases}
\tag{A-26}
$$

处于扇区Ⅵ时，有

$$
\begin{cases}
T_4 = -\dfrac{\sqrt{3}}{U_{dc}}U_3 T_s = -U_3 K \\[2mm]
T_5 = -\dfrac{\sqrt{3}}{U_{dc}}U_1 T_s = -U_1 K \\[2mm]
T_0 = T_7 = \dfrac{T_s - T_4 - T_5}{2}
\end{cases}
\tag{A-27}
$$

扇区与基础矢量及作用时长的关系如表 A-4 所示。

表 A-4　扇区与基础矢量及作用时长的关系

扇区	基础矢量	作用时间	扇区	基础矢量	作用时间
Ⅰ	U_{100}	$T_4 = U_2 K$	Ⅳ	U_{011}	$T_1 = -U_1 K$
	U_{110}	$T_6 = U_1 K$		U_{001}	$T_3 = -U_2 K$
Ⅱ	U_{110}	$T_6 = -U_3 K$	Ⅴ	U_{001}	$T_1 = U_3 K$
	U_{010}	$T_2 = -U_2 K$		U_{101}	$T_5 = U_2 K$
Ⅲ	U_{010}	$T_2 = U_1 K$	Ⅵ	U_{101}	$T_5 = -U_3 K$
	U_{011}	$T_3 = U_3 K$		U_{100}	$T_4 = -U_1 K$

上述 T_0、T_7 的计算方式针对的是七段式调制。对于三段式调制与五段式调制，则不用 U_{111}，即 $T_7 = 0$，而

$$T_0 = T_s - T_x - T_y \tag{A-28}$$

其中，T_x 和 T_y 为某一扇区两相邻基础矢量的作用时间。

不论空间电压矢量位于哪个扇区，由于相邻两个电压矢量幅值有限，且作用时间之和不能超过一个控制周期 T_s，因此逆变器所能产生的空间电压矢量会受到一定的限制。下面以空间电压矢量位于第 I 扇区为例进行说明。由前面的分析可知

$$\begin{cases} T_4 = \dfrac{\sqrt{3}(\sqrt{3}U_\alpha - U_\beta)T_s}{2U_{dc}} \\[3mm] T_6 = \dfrac{\sqrt{3}U_\beta T_s}{U_{dc}} \end{cases} \tag{A-29}$$

以及

$$T_4 + T_6 < T_s \tag{A-30}$$

由式(A-29)可得

$$\begin{aligned} T_4 + T_6 &= \frac{(3U_\alpha - \sqrt{3}U_\beta)T_s + 2\sqrt{3}U_\beta T_s}{2U_{dc}} \\[3mm] &= \frac{(3U_\alpha + \sqrt{3}U_\beta)T_s}{2U_{dc}} \end{aligned} \tag{A-31}$$

代入式(A-30)可得

$$\frac{(3U_\alpha + \sqrt{3}U_\beta)T_s}{2U_{dc}} < T_s \tag{A-32}$$

即

$$3U_\alpha + \sqrt{3}U_\beta < 2U_{dc} \tag{A-33}$$

或

$$U_\beta < -\sqrt{3}U_\alpha + \frac{2\sqrt{3}}{3}U_{dc} \tag{A-34}$$

由此可见，由 U_{100}、U_{110} 作用所能等效的空间电压矢量不能超过由电压矢量 U_{100}、U_{110} 顶点连线所确定的区域(图 A-3)。对于其他五个扇区，也可以得出类似结论。因此，逆变器所能产生的空间电压矢量不能超过图 A-3 所示的六边形。

当期望空间电压矢量超过能够合成的范围时，需要进行过调制处理，也就是

对作用时间进行等比缩放，即

$$\begin{cases} T_x' = \dfrac{T_x}{T_x + T_y} T_s \\[3mm] T_y' = \dfrac{T_y}{T_x + T_y} T_s \end{cases} \tag{A-35}$$

参 考 文 献

[1] Krishnan R. Permanent Magnet Synchronous and Brushless DC Motor Drives.New York: CRC, 2009.

[2] Monmasson E. Power Electronic Converters: PWM Strategies and Current Control Techniques. London: Wiley, 2013.

[3] 张兴, 张崇巍. PWM 整流器及其控制. 北京: 机械工业出版社, 2012.

[4] 袁雷, 胡冰新, 魏克银, 等. 现代永磁同步电机控制原理及 MATLAB 仿真. 北京: 北京航空航天大学出版社, 2016.

[5] 李永东. 交流电机数字控制系统. 北京: 机械工业出版社, 2012.

[6] 徐德鸿. 电力电子系统建模及控制. 北京: 机械工业出版社, 2006.

[7] 上官致远, 张健. 深入理解无刷直流电机矢量控制技术. 北京: 科学出版社, 2020.